电气工程自动化控制技术

赵英宝 刘新建 李红卫 ◎ 主编

重庆出版集团 重庆出版社

图书在版编目(CIP)数据

电气工程自动化控制技术/赵英宝,刘新建,李红卫主编. —重庆:重庆出版社,2022.11
ISBN 978-7-229-17213-8

Ⅰ.①电… Ⅱ.①赵… ②刘… ③李… Ⅲ.①电气工程－自动化技术 Ⅳ.①TM

中国版本图书馆 CIP 数据核字(2022)第 210308 号

电气工程自动化控制技术
DIANQI GONGCHENG ZIDONGHUA KONGZHI JISHU
赵英宝　刘新建　李红卫　主编

责任编辑：钟丽娟　阚天阔
责任校对：刘　刚

重庆出版集团
重庆出版社　出版

重庆市南岸区南滨路162号1幢　邮编:400061　http://www.cqph.com
北京四海锦诚印刷技术有限公司印刷
重庆出版集团图书发行有限公司发行
E-MAIL:fxchu@cqph.com　邮购电话:023-61520646
全国新华书店经销

开本:787mm×1092 mm　1/16　印张:10.5　字数:240千字
2023年7月第1版　2023年7月第1次印刷
ISBN 978-7-229-17213-8
定价:58.00元

如有印装质量问题,请向本集团图书发行有限公司调换:023-61520678

版权所有　侵权必究

前 言

随着我国经济水平的不断提高,科学技术水平也在不断发展,我们也已经进入了科技时代,电气工程及其自动化技术凭借其显著的发展优势逐渐融入人们的生活当中,许多行业的发展都已经无法离开电气工程及其自动化技术。同时,电气工程及其自动化属于一门综合性学科,主要建立在信息技术之上,在一定程度上带动了我国工业信息化的发展。

电力系统是电能生产、变换、输送、分配、消费的各种设备,按照一定的技术和经济要求,有机组成的一个统一系统的总称。为了保证电力系统在统一的管理和监视下正常运行,适应电力系统规模和容量的不断扩大和系统结构、运行方式的变化;为了正确和及时地掌握每时每刻都在变化着的电力系统运行情况;为了协调和控制电力系统各组成部分的运行方式,实现电力系统运行优质、安全和经济的目标,必须应用现代控制理论、电子技术、计算技术、通信技术、图像显示技术等科学技术的最新成果来实现电力系统的自动控制。

本教材从电气自动化入门的基础原理、常识入手,对整个电气自动化系统做出了详尽的研究。从常用器件、传感器研究到经典电路系统分析,再到更深一层的PLC技术综述。希望通过阅读与学习本教材的相关内容能够对电气自动化行业中各个层次的工作人员起到一定的帮助,更进一步为完成祖国从"制造业大国"到"制造业强国"这一转变目标的实现贡献一份自己的力量。

本书在撰写的过程中参考和采纳了大量相关的书籍和资料,同时也引用了许多专家和学者的研究成果,在此向他们表示最诚挚的谢意!由于笔者水平有限及时间仓促,错误和不当之处在所难免,恳请广大读者批评指正。

目 录

第一章 电气工程与电气自动化控制技术的基础认知 ············ 1
第一节 电气工程及其自动化 ·· 1
第二节 电气自动化控制技术的基本概念 ································ 5
第三节 电气自动化控制技术的发展 ······································ 9
第四节 电气自动化控制技术的影响因素 ······························ 14

第二章 电气控制基本环节 ·· 16
第一节 电气控制线路的绘制原理 ·· 16
第二节 电气控制电路基本控制规律 ····································· 19
第三节 三相异步电动机的启动控制 ····································· 21
第四节 三相异步电动机的制动控制 ····································· 23
第五节 三相异步电动机的调速控制 ····································· 24
第六节 电气控制系统常用控制规律及保护环节 ····················· 25

第三章 电气自动化控制系统的硬件模块 ···························· 29
第一节 常用低压电器、电气元件及电子元器件 ····················· 29
第二节 在电气自动化控制系统中常用的动力设备的研究 ········ 39
第三节 在电气自动化控制系统中常用传感器的研究 ·············· 41

第四章 电气控制系统中常见的电气控制电路及工具分析 ······ 53
第一节 电气控制系统中常见的电气控制电路及工具简析 ········ 53
第二节 对机床液压系统的电气控制电路分析 ······················· 54
第三节 其他常用基本控制电路分析 ···································· 59

第五章　电气控制系统应用过程中涉及的技术与装置 …………62

第一节　工业控制网络……………………………………………62
第二节　现场总线技术……………………………………………69
第三节　现场总线控制系统………………………………………71
第四节　工业以太网在电气控制系统中的应用…………………77

第六章　电气控制与PLC控制技术 ……………………………86

第一节　可编程序控制器…………………………………………86
第二节　软PLC技术………………………………………………97
第三节　PLC控制系统的安装与调试……………………………100
第四节　PLC的通信及网络………………………………………110

第七章　电力系统及其自动化……………………………… 120

第一节　电力系统………………………………………………120
第二节　电力系统的安全性及防治措施………………………135

第八章　电气自动化工程的应用 …………………………… 142

第一节　工业自动化……………………………………………142
第二节　电力系统自动化………………………………………150
第三节　冶金工业自动化………………………………………152
第四节　人工智能在航天领域的应用…………………………155
第五节　其他应用………………………………………………157

参考文献……………………………………………………………161

第一章　电气工程与电气自动化控制技术的基础认知

任务导入：

电气工程及其自动化涉及电力电子技术，计算机技术，电机电器技术，信息与网络控制技术，机电一体化技术等诸多领域，是一门综合性较强的学科，其主要特点是强弱电结合，机电结合，软硬件结合，电工技术与电子技术相结合，元件与系统相结合。电气自动化工程涵盖国防民生的方方面面，在国防民生的各个领域全面实现自动化可以提高生产效率，改善生产条件。

学习大纲：

1. 了解什么是电气工程及其自动化。
2. 掌握电气自动化控制技术的基本概念及发展。
3. 学习电气自动化控制技术的影响因素。

第一节　电气工程及其自动化

一、电气工程概述

电气工程（Electrical Engineering，简称EE），是当今高新技术电气工程领域中不可或缺的关键学科。例如正是电子技术的巨大进步才推动了以计算机网络为基础的信息时代的到来，并将改变人类的生活工作模式。电气工程的发展前景同样很有潜力，使得当今的学生就业比率攀升，传统的电气工程定义为用于创造产生电气与电子系统的有关学科的总和。电气系统所在领域是一个充满希望且具有挑战性的领域。说电气系统属于工程专业，是因为工程学的挑战在于要设计所有电路系统，并把它们聚类成一个整体。Cyber-physics system 是最有代表性的前沿电路系统，包括物联网、普适计算、传感器。

电子设备要达到所要求的指标，首要的就是配备一个稳定、优越的电源，在一些专业要求更高的系统中，对电源的要求更高。可以说，电源技术的发展和创新将直接推动电器、电力技术的发展，电源技术在电气技术方面起着举足轻重的作用。最方便的、最经济的电能来源是取自电网的交流电，但电子线路需要的常是直流电源，将交流电变换成直流电，对于要求不高的电子产品，可以直接使用。但简单的直流电源的输出电压不稳定，电源电压随着电网电压的变化或负载的变化而变化，这必然会影响电子线路的性能，经整流得到的直流电压，虽经滤波，交流成分仍然较大。所以，在要求高的电子产品中，必须采用直流稳压电源。随着微型计算机特别是单片机的不断发展，其档次不断提高，功能越来越强。它将冲击着人类的方方面面，使其应用领域不断扩大，广泛应用于工业测控、尖端科学、智能仪器仪表、日用家电等领域中。目前，单片机在工业测控领域中已占重要地位。

单片机在智能仪器仪表、机电一体化产品和自动控制系统中应用愈来愈广，很多老式仪表设备在进行升级换代的改造中都将采用单片机作为首选方案。各电气厂商、机电行业和测控企业都把单片机作为本部门产品更新换代、产品智能化的重要工具。通过比较利用单片机控制系统来完成系统的检测与校正，在完成功能相同的条件下，可大大简化系统的硬件电路、节约大量的资金与原材料，并且采用模块化的硬件电路，既可实现系统的要求，又可提高系统的检修效率。系统的灵活性也大大提高，总之，广泛地应用微处理器已是时代潮流，因此，用单片微型计算机控制系统能跟上时代潮流。单片机对工业生产的影响是有目共睹的，在单片机技术发展起来的同时，电气行业开始了一场轰轰烈烈的微机革命。其带动了各类家电和仪器仪表的微型化、智能化，现在流行的所谓人性化科技，就是在单片微机的控制上形成的远程控制、现场总线实时控制等新技术。而电源技术在经历了电气时代的风风雨雨的大半年头后，终于迎来了工业控制技术蓬勃发展的春天，使新型电源的发展有了更广更美好的前景。以微机控制技术为主的工业过程控制技术，PID理论的出现和研究直到投入生产实现，都使工业控制技术更灵活和智能化。

电气工程的发展主要受三方面因素的影响：

第一，信息技术的决定性影响。信息技术广泛地定义为包括计算机、世界范围高速宽带计算机网络及通信系统，以及用来传感、处理、存储和显示各种信息等相关支持技术的综合。信息技术对电气工程的发展具有特别大的支配性影响。信息技术持续以指数速度增长在很大程度上取决于电气工程中众多学科领域的持续技术创新。反过来，信息技术的进步又为电气工程领域的技术创新提供了更新更先进的工具基础。

第二，与物理科学的相互交叉面拓宽。由于三极管的发明和大规模集成电路制造技术的发展，固体电子学在20世纪的后50年对电气工程的成长起到了巨大的推动作用。电气工程与物理科学间的紧密联系与交叉仍然是今后电气工程学科的关键，并且将拓宽到生物系统、光子学、微机电系统（MEMS）。21世纪中的某些最重要的新装置、新系统和新技术将来自上述领域。

第三，快速变化。技术的飞速进步和分析方法、设计方法的日新月异，使得我们必须每隔几年对工程问题的过去解决方案重新全面思考或审查。这对我们如何聘用新的教授，如何培养我们的学生有很大影响。

二、电气工程及其自动化

（一）电气工程及其自动化技术的概述

电气工程及其自动化是以电磁感应定律、基尔霍夫电路定律等电工理论为基础，研究电能的产生、传输、使用及其过程中涉及的技术和科学问题。电气工程中的自动化涉及电力电子技术，计算机技术，电机电器技术，信息与网络控制技术，机电一体化技术等诸多领域，其主要特点是强弱电结合，机电结合，软硬件结合。电气工程及其自动化技术主要以控制理论、电力网理论为基础，以电力电子技术、计算机技术为其主要技术手段，同时也包含了系统分析、系统设计、系统开发以及系统管理与决策等研究领域。控制理论是在现代数学、自动控制技术、通信技术、电子计算机、神经生理学诸学科基础上相互渗透，由维纳等科学家的精炼和提纯而形成的边缘科学。它主要研究信息的传递、加工、控制的一般规律，并将其理论用于人类活动的各个方面。将控制理论和电力网理论相结合，应用于电气工程中，有利于提高社会生产率和工作效率，节约能源和原材料消耗，同时也能减轻体力、脑力劳动，改进生产工艺等。

在实际的电气工程及其自动化技术的设计中，应该从硬件和软件两个方面来进行考虑，通常情况下，都是先进行硬件的设计，根据实际的工业控制需要，针对性地选择电子元器件，首先应该设置一个中央服务器，并采用先进的计算机作为系统的核心，然后选择外围的辅助设备，如传感器、控制器等，通过线路的连接，组建成一个完整的系统。在实际的设计时，除了要遵循理论上的可行外，还应该注意现实中的可行性。由于生产线是已经存在的，自动化控制系统的设计，必须在不改变生产型的基础上进行，对硬件设备的安装有很高的要求，如果设备的体积较大，就可能影响正常的加工，要想使设计的控制系统能够稳定地工作，设计人员必须进行实地考察，然后结合实际情况，对设备的型号进行确定。在硬件设计完成之后，还要进行软件系统的设计，目前市面上有很多通用的自动化控制系统软件，但是为了最大程度地提高自动化水平，企业通常都会选择一些软件公司，根据硬件安装和企业生产的情况等，进行针对性的软件设计。

（二）电气工程及其自动化的应用分析

1. 电气工程及其自动化技术应用理论

电气工程及其自动化技术是随着工业的发展，而逐渐形成的一门学科，从某种意义上来说，电气工程及其自动化技术，是为了满足实际生产的需要。在传统的工业生产中，采用的主要是人工的方式，虽然机械设备出现后，人们可以操控机器来进行生产，极大地提高生产的效率，但是经济的发展速度更快，对产品的需求量越来越大，在这种背景下，仅仅依靠操作机器的生产方式，已经无法满足市场的需要，必须进一步提高生产的效率。为了达到这个目的，很多企业都实行了二十四小时生产，通过实际的调查发现，采用这样的生产方式，机器可以不停地运转，操作人员却需要足够的时间休息，因此必须增加企业的员工数量，这样就提高了生产的成本，在市场竞争越来越激烈的今天，企业要想获得更多的效益，必须对生产的成本进行控制，于是有人提出了让机器自行运转的概念，这就是自动化技术。

2.电气工程及其自动化技术在智能建筑中的应用

（1）防雷接地

雷电灾害给我国的通信设备、计算机、智能系统、航空等领域造成了巨大的损失，因此，在智能建筑建设中也要十分注意雷电灾害，利用电气工程及其自动化技术，将单一防御转变为系统防护，所有的智能建筑接地功能都必须以防雷接地系统为基础。

（2）安全保护接地

智能建筑内部安装了大量的金属设备，以实现数据处理，满足人们多方面的需求，这些金属设备对建筑的安全性提出了挑战，因此，在智能建筑中运用电气工程及其自动化技术，为整个建筑装上必要的安全接地装置，降低电阻，防止电流外泄，这样便能够很好地避免金属设备绝缘体破裂后发生漏电现象，保证人们的生命财产安全。

（3）屏蔽接地与防静电接地

运用电气工程及其自动化技术，在进行建筑设计时，要十分注意电子设备在阴雨或者干燥天气产生的静电，并及时做好防静电处理，防止静电积累对电子设备的芯片以及内部造成损坏，使得电子设备不能正常运转。设计师将电子设备的外壳和PE线进行连接可以有效地防止静电，屏蔽管路的两端和PE线的可靠连接可以实现导线的屏蔽接地。

（4）直流接地

智能建筑需要依靠大量的电子通信设备、计算机等电脑操作系统进行信息的输出、转换与传输，这些过程都需要微电流和微电位来执行，需要耗费大量的电能，也容易造成电气灾害。在大型智能建筑中应用电气工程及其自动化技术，可以为建筑提供一个稳定的电源和电压，还有基准电位，保证这些电子设备能够正常使用。

3.强化电气工程及其自动化的应用措施

（1）强化数据传输接口建设

在应用电气工程自动化系统的时候，数据传输功能发挥着至关重要的作用，一定要高度重视。只有提高系统数据传输的稳定性、快捷性、高效性与安全性，才可以保证系统运行的有效性。在进行数据传输强化的时候，一定要重视数据传输接口的建设，这样才可以保证数据传输的高效、安全。在建设数据传输接口的时候，一定要重视其标准化，利用现代技术处理程序接口问题，并且在实际操作中进行程序接口的完美对接，降低数据传输的时间与费用，提高数据传输的高效性与安全性，实现电气工程自动化的全面落实。

（2）强化技术创新，建立统一系统平台，节约成本

电气工程自动化是一项比较综合化的技术，要想实现其快速发展，就一定要加强对技术的投入，突破技术瓶颈，确保电气工程自动化的有效实现。所以，在进行建设与发展电气工程自动化的时候，一定要加强系统平台的建设，结合不同终端用户的需求，对自身运行特点展开详细的分析与研究，在统一系统平台中展开操作，满足不同终端用户的实际需求。由此可以看出，建立统一系统平台，是建设与发展电气工程自动化的首要条件，也是必要需求。

（3）加强通用型网络结构应用的探索

在电气工程自动化建设与发展过程中，通用型网络结构发挥着举足轻重的作用，占据了十分重要的地位，可以有效加强生产过程的管理与技术监控，并且对设备进行一定的控制，在统一系统平台中，可以有效提高工作效率，保证工作可以更加快捷地完成，同时增强工作安全性。

第二节 电气自动化控制技术的基本概念

一、电气自动化控制技术概述

电气自动化是一门研究电气工程相关的科学，我国的电气自动化控制系统经历了几十年的发展，分布式控制系统相对于早期的集中式控制系统具有可靠、实时、可扩充的特点，集成化的控制系统则更多地利用了新科学技术的发展，功能更为完备。电气自动化控制系统的功能主要有：控制和操作发电机组，实现对电源系统的监控，对高压变压器、高低压厂用电源、励磁系统等进行操控。电气自动化控制技术系统可以分为三大类：定值、随动、程序控制系统，大部分电气自动化控制系统是采用程序控制以及采集系统。电气自动化控制系统对信息采集具有快速准确的要求，同时对设备的自动保护装置的可靠性以及抗干扰性要求很高，电气自动化具有优化供电设计、提高设备运行与利用率、促进电力资源合理利用的优点。

电气自动化控制技术是由网络通信技术、计算机技术以及电子技术高度集成，所以该项技术的技术覆盖面积相对较广，同时也对其核心技术——电子技术有着很大的依赖性，只有基于多种先进技术才能使其形成功能丰富、运行稳定的电气自动化控制系统，并将电气自动化控制系统与工业生产工艺设备结合后来实现生产自动化。电气自动化控制技术在应用中具有更高的精确性，并且其具有信号传输快、反应速度快等特点，如果电气自动化控制系统在运行阶段的控制对象较少且设备配合度高，则整个工业生产工艺的自动化程度便相对较高，这也意味着该种工艺下的产品质量可以提升至一个新的水平。现阶段基于互

联网技术和电子计算机技术而成的电气自动化控制系统，可以实现对工业自动化产线的远程监控，通过中心控制室来实现对每一条自动化产线运行状态的监控，并且根据工业生产要求随时对其生产参数进行调整。

电气自动化控制技术是由多种技术共同组成的，其主要以计算机技术、网络技术和电子技术为基础，并将这3种技术高度集成于一身，所以，电气自动化控制技术需要很多技术的支持，尤其是对这3种主要技术有着很强的依赖性。电气自动化技术充分结合各项技术的优势，使电气自动化控制系统具有更多功能，更好地服务于社会大众。应用多领域的科学技术研发出的电气自动化控制系统，可以和很多设备产生联系，从而控制这些设备的工作过程，在实际应用中，电气自动化控制技术反应迅速，而且控制精度强。电气自动化控制系统只需要负责控制相对较少的设备与仪器时，这个生产链便具有较高的自动化程度，而且生产出的商品或者产品，质量也会有所提高。在新时期，电气自动化控制技术充分利用了计算机技术以及互联网技术的优势，还可以对整个工业生产工艺的流程进行监控，按照实际生产需要及时调整生产线数据，来满足实际的需求。

二、电气工程自动化控制技术的要点分析

（一）自动化体系的构建

自动化系统的建设对于电气工程未来的发展来说非常必要。我国电气工程自动化控制技术研发已知的所用时间并不短，但实际使用时间不长，目前的技术水平还比较低，加之环境人数、人为因素、资金因素等多种因素的影响，使得我国的电气自动化建设更为复杂，对电气工程的影响不小。因此，需要建立一个具有中国特色的电气自动化体系，在保障排除影响因素、降低建设成本的情况下，还要提高工程的建设水准。另外，也要有先进的管理模式，以保证自动化系统的有效发展，通过有效的管理，保证在构建自动化体系的过程中，不至于存在滥竽充数的情况。

（二）实现数据传输接口的标准化

建立标准化的数据传输接口，以保证电气工程及其自动化系统的安全，是实现高效数据传输的必然因素。由于受到各种因素的干扰，在系统设计与控制过程中有可能出现一些漏洞，这也是电气工程自动化水平不高的另一重要原因，所以相关人员应保持积极的学习态度，学习国外先进的设计方案和控制技术，善于借鉴国外的设计方案，实现数据传输接口的标准化，以确保在使用过程中，程序界面可以完美对接，提高系统的开发效率，节省成本和时间。

（三）建立专业的技术团队

电气工程操作过程中，很多问题都是由人员素质低造成的，目前，许多企业员工技术水平不高，埋下了隐患，在设备设计和安装过程中，存在很多的不安全因素，增加了设备

损坏的概率，甚至可能导致严重故障和安全事故。所以，企业在管理过程中，一方面，要以一定的方式，加大对现有人员的专业技术水平培训力度，如职前培训；另一方面也可以招收高质量、高水平的人才，为电气工程自动化控制技术提供可靠的保障，将人为因素导致的电气故障率降到最低。

（四）计算机技术的充分应用

当今社会已经是网络化的时代，计算机技术的发展对各行各业都有着非常重要的影响，为人们的生活带来了极大的方便。如果在电气工程自动化控制中融入计算机技术，就可以推动电气工程向智能化方向发展，促进集成化和系统化电气工程的实现。特别是在自动控制技术中的数据分析和处理上，可以起到巨大的作用，大大节省了人力，提高了工作效率，可以实现工业生产自动化，也大大提高了控制精度。

三、电气自动化控制技术基本原理

电气自动化控制技术的基础是对其控制系统设计的进一步完善，主要设计思路是集中于监控方式，包括远程监控和现场总线监控两种。在电气自动化控制系统的设计中，计算机系统的核心，其主要作用是对所有信息进行动态协调，并实现相关数据储存和分析的功能。计算机系统是整个电气自动化控制系统运行的基础。在实际运行中，计算机主要完成数据输入与输出数据的工作，并对所有数据进行分析处理。通过计算机快速完成对大量数据的一系列处理操作从而达到控制系统的目的。

在电气自动化控制系统中，启用方式是非常多的，当电气自动化控制系统功率较小时，可以采用直接启用的方式实现系统运行，而在大功率的电气自动化控制系统中，要实现系统的启用，必须采用星型或者三角型的启用方式。除了以上两种较为常见的控制方式以外，变频调速也作为一种控制方式并在一定范围内应用，从整体上说，无论何种控制方式，其最终目的都是保障生产设备安全稳定地运行。

电气自动化系统是将发电机、变压器组以及厂用电源等不同的电气系统的控制纳入ECS监控范围，形成220kV/500kV的发变组断路器出口，实现对不同设备的操作和开关控制，电气自动化系统在调控系统的同时也能对其保护程序加以控制，包括励磁变压器、发电组和厂高变。其中发变组断路器出口用于控制自动化开关，除了自动控制，还支持对系统的手动操作控制。

一般集中监控方式不对控制站的防护配置提出过高要求，因此系统设计较为容易，设计方法相对简单，方便操作人员对系统的运行维护。集中监控是将系统中的各个功能集中到同一处理器，然后对其进行处理，因为内容比较多，处理速度较慢，这就使得系统主机冗余降低、电缆的数量相对增加，在一定程度上增加了投资成本，与此同时，长距离电缆容易对计算机引入干扰因素，这对系统安全造成了威胁，影响了整个系统的可靠性。集中监控方式不仅增加了维护量，而且有着复杂化的接线系统，这提高了操作失误的发生概率。

远程控制方式实现需要管理人员在不同地点通过互联网联通需要被控制的计算机。这种监控方式不需要使用长距离电缆，降低了安装费用，节约了投资成本，然而这种方式的可靠性较差，远程控制系统的局限性使得它只能在小范围内适用，无法实现全厂电气自动化系统的整体构建。

四、电气自动化控制技术现存的缺点

相对于之前的电气工程技术来说，电气自动化技术有很大的突破，能够提高电气工程工作的效率和质量，增加了工作的精确性和安全性，在发生故障时可以立刻发出报警信号，并可以自动切断线路，所以电气自动化技术能够保证电网的安全性、稳定性以及可信赖性。电气自动化技术，因为是自动化，所以相对于之前的人工操作来说，大大节约了劳动力资本，也减轻了施工人员的工作任务量。而且，电气工程之中安装了GPS技术，能够准确地找到故障所在处，很好地保护了电气系统，减少了损失。优点还有很多，但仍不能忽视其缺点的存在。

五、加强电气自动化控制技术的建议

（一）电气自动化控制技术与地球数字化互相结合的设想

电气自动化工程与信息技术很好结合的典型的表现方法就是地球数字化技术，这项技术中包含了自动化的创新经验，可以把大量的、高分辨率的、动态表现的、多维空间的和地球相关的数据信息融合成为一个整体，成为坐标，最终成为一个电气自动化数字地球。将整理出的各种信息全部放入计算机中，与网络互相结合，人们不管在任何地方，只要根据整理出的地球地理坐标，便可以知道地球任何地方关于电气自动化的数据信息。

（二）现场总线技术的创新使用，可以节省大量的电气自动化成本

电气自动化工程控制系统中大量运用了现场总线与以以太网为主的计算机网络技术，经过了系统运行经验的逐渐积累，电气设备的自动智能化也飞速地发展起来，在这些条件的共同作用下，网络技术被广泛地运用到了电气自动化技术中，所以现场的总线技术也由此产生。这个系统在电气自动化工程控制系统设计过程中更加凸显其目的性，为企业最底层的设施之间提供了通信渠道，有效地将设施的顶层信息与生产的信息结合在一起。针对不一样的间隔会发挥不一样的作用，根据这个特点可以对不一样的间隔状况分别实行设计。现场总线的技术普遍运用在了企业的底层，初步实现了管理部门到自动化部门存取数据的目标，同时也符合网络服务于工业的要求。通过DCS进行比较，可以节约安装资金、节省材料，可靠性能比较高，同时节约了大部分的控制电缆，最终实现节约成本的目的。

（三）加强电气自动化企业与相关专业院校之间的合作

首先，鼓励企业到电气自动化专业的学校中去设立厂区、建立车间，进行职业技能培

训、技术生产等，建立多种功能汇集在一起的学习形式的生产试验培训基地。走入企业进行教学，积极建设校外的培训基地，将实践能力和岗位实习充分结合在一起。扩展学校与企业结合的深广程度，努力培养订单式人才。按照企业的职业能力需求，制定出学校与企业共同研究培养人才的教学方案，以及相关的理论知识的学习指导。

（四）改革电气自动化专业的培训体系

第一，在教学专业团队的协调组织下，对市场需求中的电气自动化系统的岗位群体进行科学研究，总结这些岗位群体需要具有的理论知识和技术能力。学校组织优秀的专业教师根据这些岗位群体反映的特点，制订与之相关的教学课程，这就是以工作岗位为基础形成的更加专业化的课程模式。

第二，将教授、学习、实践这三方面有机地结合起来，把真实的生产任务当作对象，重点强调实践的能力，对课程学习内容进行优化处理，专业学习中至少一半的学习内容要在实训企业中进行。教师在教学过程中，利用行动组织教学，让学生更加深刻地理解将来的工作程序。

随着经济全球化的不断发展和深入，电气自动化工程控制系统在我国社会经济发展中占有越来越重要的地位。本章介绍了电气自动化工程控制系统的现状，电气自动化工程控制系统信息技术的集成化，使电气自动化工程控制系统维护工作变得更加简便，同时还总结了一些电气自动化系统的缺点，并根据这些缺点提出了使用现场总线的方法，不仅节省了资金和材料，还提高了可靠性。根据电气自动化系统现状分析了其发展趋势，电气自动化工程控制系统要想长远发展下去就要不断地创新，将电气自动化系统进行统一化管理，并且要采用标准化接口，还要不断进行电气自动化系统的市场产业化分析，保证安全地进行电气自动化工程生产，保证这些条件都合格时还要注重加强电气自动化系统设备操控人员的教育和培训。此外，电气自动化专业人才的培养应该从学生时代开始，要加强校企之间的合作，使员工在校期间就能掌握良好的职业技能，只有这样的人才能为电气自动化工程所用，才能利用所学的知识更好地促进电气自动化行业的发展壮大，为社会主义市场经济的建设添砖加瓦。

第三节　电气自动化控制技术的发展

一、电气自动化控制技术的发展历程

信息时代的快速发展，让信息技术的运用更加方便快捷。信息技术逐步渗透到电气自动化控制技术中，达到电气自动化系统的信息化。在此过程中，管理层被信息技术渗透，来提高业务处理和信息处理的效率。确保电气自动化控制技术实现全方位的监控，提高生

产信息的真实性。同时，在这种渗透作用下，确保了设备和有效控制系统的运行，通信能力得到增强，并推广了网络多媒体技术。

电气自动化属于中国工业化之中不可或缺的内容，由于它有先进技术来指导，所以中国的电气自动化技术的进步是非常快的，早已渗透到社会生产中的各个行业。但目前我国给予电气自动化的重视程度以及投入还是远远不够的，中国电气自动化的发展还处于缓慢阶段，而且目前我国电气自动化技术还有许多问题需要解决。由于电气自动化技术已经广泛应用在我们的生活和生产之中，因此人们对电气自动化技术也有了更高要求，推进电气自动化技术发展已经迫在眉睫。

电气自动化控制技术发展的历史也比较久远，电气自动化控制技术的发展起源可追溯到20世纪50年代。早在50年代，电机电力技术产品应运而生，当时的自动化控制主要为机械控制，还未实现电气自动化控制的实质，第一次产生了"自动化"这个名词，于是电气自动化技术就从无到有，为后期的电气自动化控制研究提供了基本思路和方向。进入到80年代，计算机网络技术迅速崛起与发展，网络技术基本成熟，这一时期形成了计算机管理下的局部电气自动化控制方式，其应用范围较小，对于系统的复杂程度也有一定要求，如电网系统过于复杂，易出现各类系统故障，但不可否认，这一阶段促进了电气自动化控制技术的基本体系与基础结构的形成。进入新时期，高速网络技术、计算机处理能力、人工智能技术的逐步发展和成熟，促进了电气自动化控制技术在电力系统中的应用，电气自动化控制技术真正形成，其以远程遥感、远距离监控、集成控制为主要技术，电气自动化控制技术的基础也因此形成。且随着时代的不断发展，电气自动化控制技术日臻完善，电力系统逐步走向网络智能化、功能化和自动化。随着信息技术的发展、网络技术的发展，电子技术、智能控制技术等都得到快速发展，因此，电气自动化技术也适应社会经济发展的时代要求，得到快速发展，且逐渐成熟至今。同时，为了适应社会发展的需求，主要院校开始建立了电气自动化专业，并培养了一批优秀的技术人员，随着电气自动化技术应用越来越广泛，在企业、医学、交通、航空等各方面都得到广泛应用与发展，这样一来，普通的高等院校、职业技术学院、大专院校等都建立了自动化控制技术专业。可以这样说，电气自动化控制技术在我国经济发展过程中占据着越来越重要的作用。

在过去，由于技术的不成熟，人员水平也参差不齐，所以电气自动化控制技术的发展十分曲折与漫长。但现在，要吸取经验，充分认识其发展的重要性，适应时代发展的步伐，结合信息技术与生产、工业等应用的特点，有目的地改进电气自动化控制技术，通过这些技术发展，不断地总结经验，吸取教训，以使此技术得到进一步的发展。

现如今，我国工业化技术水平越来越高，电气自动化控制技术已在各企业得到广泛的应用，尤其对于新兴企业，电气自动化控制技术成为现代企业发展的核心技术。越来越多的企业使用机器设备来代替劳动生产力，节约了人工成本，提高了工作效率，同时也提高了操作的可靠性。电气自动化控制技术已成为现代化企业发展的重要标志，自动化设备的使用改善了劳动条件，降低了劳动强度，很多的重体力劳动都通过机器设备的使用变得更加高效。为了顺应时代的发展，很多高等院校也开设了电气自动化控制技术专业，学习此专业已成为一种时尚，更重要的一点是，此专业的知识与社会的发展相适应，也能用于人们的日常生活中，给生活和生产都带来便利，这种技术发展迅速，技术相对成熟，广泛应用于高新技术行业，推动着整个经济社会的快速发展。电气自动化控制技术的应用也十分广泛，在工业、农业、国防等领域都得到应用与发展。电气自动化控制技术的发展，对整个社会经济发展有着十分重要的意义。电气自动化控制技术的发展能够提升城市品位和城市居民生活质量，是适应人们日益增长的物质生活条件的必然产物。

二、电气自动化控制技术的发展特点

（一）电气自动化信息集成技术应用

信息集成技术应用于电气自动化技术里面主要是在两个方面：第一个方面是，信息集成技术应用在电气自动化的管理之中。如今，电气自动化技术不只是在企业的生产过程得到应用，在进行企业生产管理的时候也会应用到。采用信息集成技术管理企业生产运营记录的所有数据，并对其进行有效应用，能够对生产过程所产生的数据进行有效采取、存储、分析等。第二个方面是，可以利用信息集成技术有效地管理电气自动化设备，而且通过对信息技术的利用，可使设备自动化提高，它的生产效率也会提高。

（二）电气自动化系统检修便捷

如今，很多的行业都采用了电气自动化设备，尽管它的种类很多，但应用系统还是比较统一的，现今主要用的电气自动化系统是 Windows NT 以及 IE，形成了标准的平台。而且也应用到 PLC 控制系统，进行管理电气自动化系统的时候，其操作是比较简便的，非常适用于生产活动当中。通过 PLC 系统和电气自动化系统两者的结合，使得电气自动化智能水平提高了许多，其操作界面也走向人性化，若系统出现问题则可在操纵过程中及时发现，还有自动回复功能，大大减轻了相应的检修和维护的工作量，可避免因设备故障而影响到生产，并且电气自动化设备应用效率也会提高。

（三）电气自动化分布控制技术的广泛应用

电气自动化技术的功能非常多，而且它的系统分成很多部分。一般控制系统主要分为两种：

第一，设备的总控制部分，通过相应的计算机信息技术实行控制整个电气自动化设备。

第二，电气设备运行状况监督与控制部分，这属于总控制系统的一个分支，靠它来完成电气自动化系统的正常运行。总控制和分支控制两者的系统主要是通过线路串联，总控制系统能够有效进行控制的同时，分支控制系统也能够把收集的信息传递给总控制系统，可以有效地对生产进行调整，确保生产可以顺利地进行。

三、电气自动化控制技术的发展趋势

（一）不断提高自主创新能力（智能化）

电气自动化控制技术正在向智能化方向发展。随着人工智能的出现，电气自动化控制技术有了新的应用。现在很多生产企业都已经应用了电气自动化控制技术，减少了用工人数，但是，在自动化生产线运行过程中，还要通过工人来控制生产过程。结合人工智能研发出的电气自动化控制系统，可以再次降低企业对员工的需要，提高生产效率，解放劳动力。

在市场中，电气自动化产品占的份额非常大，大部分企业都会选用电气自动化产品。所以电气自动化的生产商想要获得更大的利益，就要对电气自动化产品进行改进，实行技术创新。对企业来说，加大对产品的重视度是非常有必要的，要不断提高企业的创新能力，进行自主研发，时时进行电气自动化开发。而且，做好电气自动化系统维护对电气自动化产品生产来说有极大的作用，这就要求生产企业将系统维护工作做好。

（二）电气自动化企业加大人才要求（专业化）

随着电气行业的发展，我国也逐渐加大了对电气行业方面的重视，电气企业员工综合素质要求也越来越高。而且企业要想让自己的竞争力变强，就要要求员工提高技能。所以，企业要经常对员工进行电气自动化专业培训，重点是专业技术的培训，实现员工技能与企业同步提高。但目前我国电气自动化专业人才面临就业问题，国家也因此进行了一些整改，拓宽它的领域。尽管如此，电气行业还是发展快速，人才需求量还有很大的缺口。所以高等院校要加大电气专业的培养以及发展，以填补市场上专业性人才的缺口，针对自动化控制系统的安装和设计过程，时常对技术员工进行培训，提高技术人员的素质，扩大培训规模也会让维修人员的操作技术变得更加成熟和完善，自动化控制系统朝着专业化的方向大踏步前进。随着不断增多的技术培训，实际操作系统的工作人员也必将得到很大的帮助，培训流程的严格化、专业化，提高了他们的维修和养护技术，同时也加快了他们今后排除故障、查明原因的速度。

（三）逐渐统一电气自动化的平台（集成化）

电气自动化控制技术除了向智能化方向发展外，还会向高度集成化的方向发展。近年来，全球范围内的科技水平都在迅速提高，使得很多新的科学技术不断地与电气自动化控制技术结合，为电气自动化控制技术的创新和发展提供了条件。未来电气自动化控制技术必将集成更多的科学技术，使电气自动化控制系统功能更丰富，安全性更高，适用范围更广。同时，还可以大大减小设备的占地面积，提高生产效率，降低企业生产成本。

推进控制系统一致性标志着控制系统的发展改革，一致性对自动化制造业有极大的促进作用，会缩短生产周期。并且统一养护和维修等各个生产环节，时刻立足于客观现实需要，有助于实现控制系统的独立化发展。将来，企业对系统的开发都将使用统一化，在进行生产的过程中每个阶段都进行统一化，能够减少生产时间，其生产的成本也得到降低，提高劳动力的生产率。为了让平台能够统一化发展，企业需要根据客户的需求，开发时采用统一的代码。

（四）电气自动化技术层次的突破（创新化）

虽然现在我国的电气自动化水平提高的速度很快，但还远远比不上发达国家，我国该系统依然处在未成熟的阶段，依然还存在一些问题，包括信息不可以相互共享，致使该系统本有的功能不能被发挥出来。在电气自动化的企业当中，数据的共享需要网络来实现，然而我国企业的网络环境还不完善。不仅如此，共享的数据量很大，若没有网络来支持，而数据库出现事故时，就会致使系统平台停止运转。为了避免这种情况发生，加大网络的支持力度尤为重要。随着电力领域技术的不断进步，电气工程也在迅猛发展，技术环境日益开放，在接口方面自动化控制系统朝着标准化飞速前进，标准化进程对企业之间的信息沟通交流有极大的促进作用，方便不同的企业进行信息数据的交换活动，能够克服通信方面出现的一些障碍问题。还有，由于科学技术得到较快发展，也将电气技术带动起来，目前我国电气自动化生产已经排在前面了，在某些技术层次上也处于很高的水平。

通过对目前我国的自动化发展情况进行分析，相信将来我国在这方面的水平会不断得到提高，慢慢赶上发达国家，逐渐提高我国在世界上的知名度，让我国的经济效益更好。整个技术市场大环境是开放型快速发展的，面对越来越残酷的竞争，各个企业为了适应市场，提高了自动化控制系统的创新力度，并且特别注重培养创新型人才，下大力气自主研发自动化控制系统，取得了一定的成绩。企业在增强自身的综合竞争实力的同时，自动化控制系统也将不断发展创新，为电气工程的持续发展提供了技术层次的支撑和智力方面的保障。

（五）不断提高电气自动化的安全性（安全化）

电气自动化要想得到很好的发展，不只是需要网络来支持，系统运行的安全保障更加重要，对系统进行维护以及保养也非常重要。如今，电气自动化行业越来越多，大多数安全系数比较高的企业都在应用其电气自动化的产品，因此，我们需要很重视产品安全性的提高。现在，我国的工业经济正在经历着新的发展阶段，在工业发展中，电气自动化的作用越来越重要，新型的工业化发展道路是建立在越来越成熟的电气自动化技术基础上的。自动化系统趋于安全化能够更好地实现其功能。通过科学分析电力市场发展的趋势，逐渐降低市场风险，防患于未然。

同时，电气自动化系统已经普及到我们的生活中了，企业需要重视其员工的整体素质。为使得电气自动化的发展水平得到提高，对系统进行安全维护要做到位，避免任何问题的出现，保证系统能够正常工作。

第四节 电气自动化控制技术的影响因素

一、电子信息技术发展所产生的影响

如今电子信息技术早已被人们所熟悉。它与电气自动化技术的发展关系十分紧密。相应的软件在电气自动化中得到了良好应用，这能够让电气自动化技术更加安全可靠。我们都知道，现在所处的时代是一个信息爆炸的时代，我们需要尽可能构建起一套完整有效的信息收集与处理体系，否则就无法跟上时代的步伐。因此，电气自动化的技术要想有突破性的进展就需要我们能够掌握好新的信息技术，通过自己的学习将电子技术与今后的工作有效地融合，找寻到能够可持续发展的路径，让电气自动化技术可以有更加良好的前景与发展空间。

信息技术的关键性影响。信息技术主要包括计算机、世界范围高速宽带计算机网络及通信技术，大体上讲就是指人类开发和利用信息所使用的一切手段，这些技术手段主要目的是用来处理、传感、存储和显示各种信息等相关支持技术的综合体。现代信息技术又称为现代电子信息技术，它建立在现代电子技术基础上并以通信、计算机自动控制等现代技术为主体将各个种类的信息进行获取、加工处理并进行利用。现代信息技术是实现信息的获取、处理、传输控制等功能的技术。信息系统技术主要包括光电子、微电子以及分子电子等有关元器件制造的信息基础技术，主要是用于社会经济生活各个领域的信息应用技术。信息技术的发展在很大程度上取决于电气自动化中众多学科领域的持续技术创新，信息技术对电气自动化的发展具有较大的支配性影响。反过来信息技术的进步又同时为电气自动化领域的技术创新提供了更加先进的工具基础。

二、物理科学技术发展产生的影响

20世纪后半叶，物理科学技术的发展对电气工程的成长起到了巨大的推动作用。固体电子学也主要是得益于三极管的发明和大规模集成电路制造技术的发展，电气自动化与物理科学间的紧密联系与交叉仍然是今后电气自动化发展的关键，并且将拓宽到微机电、生物系统、光子学系统。因为电气自动化技术的应用属于物理科学技术的范围，所以，物理科学技术的快速发展，肯定会对电气自动化技术的发展以及应用发挥重大的、积极的促进作用。所以，要想电气自动化技术获得更好的发展，政府以及企业的管理者务必高度关注物理科学技术的发展状况，以免在电气自动化技术的发展过程中违背当前的物理科学技术的发展。

三、其他科学技术的进步所产生的影响

其他科学技术的不断发展，促进了电子信息技术的快速发展和物理科学技术的不断进步，进而推动了整个电气自动化技术的快速进步。除此之外，现代科学技术的发展以及分

析、设计方法的快速更新，势必会推动电气自动化技术的飞速发展。

思考题

1. 简要分析电气工程自动化控制技术的要点。
2. 列举电气自动化控制技术现存的缺点。
3. 简要说明电气工程的发展主要受哪三方面主要因素的影响。
4. 简述电气工程及其自动化技术在智能建筑中的应用。
5. 简单说出加强电气自动化控制技术的建议。

第二章　电气控制基本环节

任务导入：

电气控制系统是由电气控制元件按一定要求连接而成。为了清晰地表达生产机械电气控制系统的工作原理，便于系统的安装、调整、使用和维修，将电气控制系统中的各电气元件用一定的图形符号和文字符号表达出来，再将其连接情况用一定的图形表达出来，这种图形就是电气控制系统图。常用的电气控制系统图有电气原理图、电器布置图与安装接线图。

学习大纲：

1. 学习电气控制线路的绘制原理。
2. 掌握电气控制电路基本控制规律。
3. 对电动机的各种控制电路简要分析。
4. 了解电气控制系统常用控制规律及保护环节。

第一节　电气控制线路的绘制原理

一、电气图常用的图形符号、文字符号和接线端子标记

建筑电气工程图的文字符号分为基本文字符号和辅助文字符号两种。一般标注在电气设备、装置、元器件图形符号上或其近旁，以表明电气设备、装置和元器件的名称、功能、状态和特征。

（一）基本文字符号

基本文字符号分为单字母符号和双字母符号。单字母符号用大写的拉丁字母将各种电气设备、装置和元器件划分为23大类，每大类用一个专用字母符号表示，如M表示电动机，C表示电容器类等。

双字母符号是由一个表示种类的单字母符号与另一个表示功能的字母结合而成，其组合形式以单字母符号在前，而另一字母在后的次序标出。如KA表示交流继电器，KM表示接触器等。

（二）辅助文字符号

辅助文字符号用以表示电气设备、装置和元器件以及线路的功能、状态和特征，如 ON 表示开关闭合，RD 表示红色信号灯等。辅助文字符号也可放在表示种类的单字母符号后边，组合成双字母符号。

（三）补充文字符号

如果基本文字符号和辅助文字符号不够使用，还可进行补充。当区别电路图中相同设备或电器元件时，可使用数字序号进行编号，如"1T"（或 T1）表示 1 号变压器，"2T"（或 T2）表示 2 号变压器等。

电气设备及线路的标注方法：

电气工程图中常用一些文字（包括汉语拼音字母、英文）和数字按照一定的格式书写，来表示电气设备及线路的规格型号、标号、容量、安装方式、标高及位置等。这些标注方法在实际工程中的用途很大，电气设备及线路的标注方法必须熟练掌握。

二、电气原理图

电气原理图是用来表示电路各个电气元件导电部件的连接关系和工作原理的图。该图应根据简单、清晰的原则，采用电气元件展开形式来绘制，它不按电气元件的实际位置来画，也不反映电气元件的大小、安装位置，只用电气元件的导电部件及其接线端钮表示电气元件，用导线将这些导电部件连接起来，反映其连接关系。所以，电气原理图结构简单、层次分明、关系明确，适用于分析研究电路的工作原理，且为其他电气图的依据，在设计部门和生产现场获得了广泛应用。

（一）绘制电气原理图的原则

1. 图中所有的元器件都应采用国家统一规定的图形符号和文字符号。

2. 电气原理图的组成。电气原理图由主电路和辅助电路组成。主电路是从电源到电动机的电路，其中有刀开关、熔断器、接触器主触头、热继电器发热元件与电动机等。主电路用粗线绘制在图面的左侧或上方。辅助电路包括控制电路、照明电路、信号电路及保护电路等。它们由继电器、接触器的电磁线圈、接触器辅助触头、控制按钮、其他控制元件触头、控制变压器、熔断器、照明灯、信号灯及控制开关等组成，用细实线绘制在图面的右侧或下方。

3. 电源线的画法。原理图中直流电源用水平线画出，一般直流电源的正极画在图面上方，负极画在图面的下方。三相交流电源线集中水平画在图面的上方，顺序自上而下依 L_1、L_2、L_3 排列，中性线（N 线）和保护接地线（PE 线）排在相线之下。主电路垂直于电源线画出，控制电路与信号电路垂直在两条水平电源线之间。耗电元件（如接触器、继电器的线圈、电磁铁线圈、照明灯、信号灯等）直接与下方水平电源线相接，控制触头接在上下方电路水平线与耗电元件之间。

4. 原理图中电气元件的画法。原理图中的各电气元件均不画实际的外形图，原理图中只画出其带电部件，同一电气元件上的不同带电部件是按电路中的连接关系画出，但必须按国家标准规定的图形符号绘制，并且用同一文字符号表明。对于几个同类电器，在表示名称的文字符号后加上数字符号，以示区别。

5. 电气原理图中电气触头的画法。原理图中各元器件触头状态均按没有外力作用时或未通电时触头的自然状态画出。对于接触器、电磁式继电器是按电磁线圈未通电时的触头状态绘制，对于控制按钮、行程开关的触头是按不受外力作用时的状态绘制，对于断路器和开关电器触头按断开状态绘制。

6. 原理图的布局。原理图按功能布置，即同一功能的电气元件集中在一起，尽可能地按动作顺序从上到下或从左到右的原则绘制。

7. 线路连接点、交叉点的绘制。在电路图中，对于需要测试和拆接的外部引线的端子，采用"空心圆"表示；有直接电联系的导线连接点，用"实心圆"表示；无直接电联系的导线交叉点不画黑圆点，但在电气图中尽量避免线条的交叉。

8. 原理图的绘制要层次分明，各电器元件及触头的安排要合理，既要做到所用元器件最少，耗能最少，又要保证电路运行可靠，节省连接导线以及安装、维修方便。

（二）关于电气原理图图面区域的划分

为了便于确定原理图的内容和组成部分在图中的位置，可在各种幅面的图样上分区。每个分区内竖边方向用大写的拉丁字母编号，横边方向用阿拉伯数字编号。编号的顺序应从与标题栏相对应的图符的左上角开始，分区代号用该区的拉丁字母和阿拉伯数字表示。有时为了分析方便，也把数字区放在图的下面。为了方便读图，利于理解电路工作原理，常在图面区域对应的上方表明该区域的元件或电路的功能。

（三）继电器、接触器触头位置的索引

电气原理图中，在继电器、接触器线圈的下方注有该继电器、接触器触头所在图中位置的索引代号，索引代号用图面区域号表示。其中左栏为常开触头所在图区号，右栏为常闭触头所在图区号。

（四）电气原理图中技术数据的标注

电气原理图中电气元件的相关数据，常在电气原理图中电器元件文字符号下方标注出来。

三、电器布置图

电器元件布置图是用来表明电气原理图中各元器件的实际安装位置，可按实际情况分别绘制，如电气控制箱中的电器元件布置图、控制面板图等。电器元件布置图是控制设备生产及维护的技术文件。

四、电气安装接线图

电气安装接线图主要用于电器的安装接线、线路检查、线路维修和故障处理，通常接线图与电气原理图和元件布置图一起使用。电气安装接线图表示出项目的相对位置、项目代号、端子号、导线号、导线型号、导线截面等内容。接线图中的各个项目（如元件、器件、部件、组件、成套设备等）采用简化外形（如正方形、矩形、圆形）表示，简化外形旁应标注项目代号，并应与电气原理图中的标注一致。

第二节 电气控制电路基本控制规律

一、自锁与互锁控制

自锁与互锁的控制统称为电气的连锁控制，在电气控制电路中应用十分广泛。

（一）自锁控制

图 2-1 为三相笼型异步电动机全压启动单向运转控制电路。电动机启动时，合上电源开关 Q，接通控制电路电源，按下启动按钮 SB，其常开触点闭合，接触器 KM 线圈通电吸合，KM 常开主触头闭合，使电动机接入三相交流电源启动旋转；松开 SB 启动按钮，KM 线圈断电释放，KM 常开主触头打开，电动机停止运转。启动按钮 SB$_2$ 与 KM 常开辅助触头并联，当接通电源按下启动按钮 SB$_2$ 时，接触器 KM 线圈通电吸合，KM 常开主触头与常开辅助触头同时闭合，前者使电动机接入三相交流电源启动旋转；后者使 KM 线圈经 SB$_2$ 常开触头与 KM 自身的常开辅助触头两路供电。松开启动按钮 SB$_2$ 时，虽然 SB$_2$ 这一路已断开，但 KM 线圈仍通过自身常开辅助触头这一通路保持通电，使电动机继续运转。这种依靠接触器自身辅助触头而保持通电的现象称为自锁，这对起自锁作用的辅助触头称为自锁触头，这段电路称为自锁电路。要使电动机停止运转，可按下停止按钮 SB$_2$，KM 线圈断电释放，主电路及自锁电路均断开，电动机断电停止。电路中的保护环节：

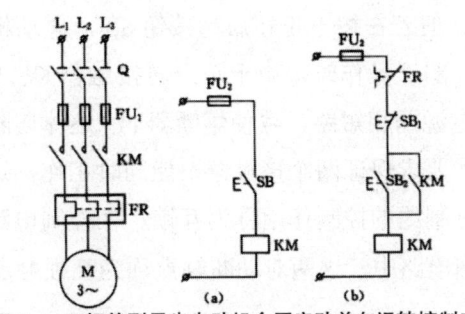

图 2-1 三相笼型异步电动机全压启动单向运转控制电路

1. 熔断器 FU_1，FU_2 作为短路保护，但不能实现过载保护。

2. 热继电器 FR 作为过载保护。当电动机长时间过载时，FR 会断开控制电路，使接触器断电释放，电动机停止工作，实现电动机的过载保护。

3. 欠压保护与失压保护。由启动按钮 SB_2 与接触器 KM 配合，当发生欠压或失压时接触器会自动释放而切断电动机电源；当电源电压恢复时，由于接触器自锁触头已断开，不会自行启动。

（二）互锁控制

各种生产机械常要求具有上、下、左、右、前、后等相反方向的运动，这就要求电动机能够正、反向运转。对于三相交流电动机可采用改变定子绕组相序的方法来实现。若在自锁控制电路基础上，在主电路中加入转换开关 SA，SA 有 4 对触头，3 个工作位置。当转换开关 SA 置于上、下方不同位置时，通过其触头来改变电动机定子接入三相交流电源的相序，进而改变电动机的旋转方向。在这里，接触器 KM 作为线路接触器使用，转换开关控制电动机正反转电路（如图 2-2）。转换开关 SA 为电动机旋转方向预选开关，由按钮来控制接触器，再由接触器主触头来接通或断开电动机三相电源，实现电动机的启动和停止。电路保护环节与自锁控制电路相同。

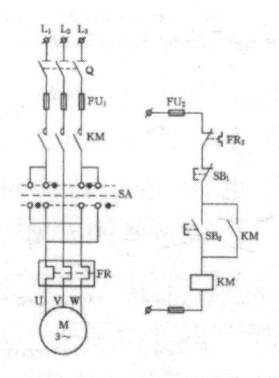

图 2-2 转换开关控制电动机正反转电路

主电路由正、反转接触器 KM_1，KM_2 的主触头来实现电动机三相电源任意两相的换相，从而实现电动机正反转。当正转启动时，按下正转启动按钮 SB_2，KM_1 线圈通电吸合并自锁，电动机正向启动并运转；当反转启动时，按下反转启动按钮 SB_3，KM_2 线圈通电吸合并自锁，电动机便反向启动并运转。但若在按下正转启动按钮 SB_2，电动机已进入正转运行后，发生又按下反转启动按钮 SB_3 的误操作时，由于正反转接触器 KM_1，KM_2 线圈均通电吸合，其主触头均闭合，于是发生电源两相短路，致使熔断器 FU_1 熔体熔断，电动机无法工作。为了避免上述事故的发生，就要求保证两个接触器不能同时工作。这种在同一时间里两个接触器只允许一个工作的相互制约的控制作用称为互锁。在控制电路中将正、反转两个接触器常闭触头串接在对方线圈电路中，这两对动断触点称为互锁触点。

二、点动与连续运转的控制

生产机械的运转状态有连续运转与短时间运转，所以对其拖动电动机的控制也有点动与连续运转两种控制电路。

三、多地连锁控制

有些机械设备为了操作方便，常在两个或两个以上的地点进行控制，如重型龙门刨床有时在固定的操作台上控制，有时需要站在机床四周悬挂按钮控制；又如自动电梯，人在梯厢里可以控制，人在梯厢外也能控制，这样就形成了需要多地控制的电路。多地控制是用多组启动按钮、停止按钮来进行的，这些按钮连接的原则是：启动按钮常开触头要并联，即逻辑或的关系；停止按钮常闭触头要串联，即逻辑与的关系。

四、顺序控制

具有多台电动机拖动的机械设备，在操作时为了保证设备的安全运行和工艺过程的顺利进行，对电动机的启动、停止，必须按一定顺序来控制，这就称为电动机的顺序控制。这种情况在机械设备中是常见的。

五、自动往复循环系统

在生产中，某些机床的工作台需要进行自动往复运行，而自动往复运行通常是利用行程开关来控制自动往复运动的相对位置，再来控制电动机的正反转或电磁阀的通断点来实现生产机械的自动往复运动的。

第三节　三相异步电动机的启动控制

一、笼型感应电动机启动控制线路

（一）星形－三角形减压启动控制

对于正常运行时定子绕组接成三角形的三相笼型异步电动机，均可采用星形－三角形减压启动。启动时，定子绕组先接成星形，待电动机转速上升到接近额定转速时，将定子绕组换接成三角形，电动机便进入全压下的正常运转。

电路工作原理：合上电源开关 Q，按下启动按钮 SB_2，KM_1、KT、KM_3 线圈同时接通并自锁，电动机三相定子绕组接成星形接入三相交流电源进行减压启动。当电动机转速接近额定转速时，通电延时型时间继电器动作，KT 常闭触头断开，KM_3 线圈断电释放；同时 KT 常开触头闭合，KM_2 线圈通电吸合并自锁，电动机绕组接成三角形全压运行。当 KM_2 通电吸合后，

KM₂ 常闭触头断开，使 KT 线圈断电，避免时间继电器长期工作。KM₂、KM₃ 常闭触头为互锁触头，以防同时接成星形和三角形造成电源短路。

（二）自耦变压器减压启动控制

电动机自耦变压器减压启动是将自耦变压器一次侧接在电网上，启动时定子绕组接在自耦变压器二次侧上。这样，启动时电动机获得的电压为自耦变压器的二次电压。待电动机转速接近电动机额定转速时，再将电动机定子绕组接在电网上即电动机额定电压上进入正常运转。这种减压启动适用于较大容量电动机的空载或轻载启动，启动转矩可以通过改变不同抽头来获得。

电路工作原理：合上主电路与控制电路电源开关，HL₁ 灯亮，表明电源电压正常。按下启动按钮 SB₂，KM₁、KT 线圈同时通电并自锁，将自耦变压器接入，电动机由自耦变压器二次电压供电作减压启动，同时指示灯 HL₁ 灭，HL₂ 亮，显示电动机正进行减压启动。当电动机转速接近额定转速时，时间继电器 KT 通电延时闭合触头闭合，使 KA 线圈通电并自锁，其常闭触头断开 KM₁ 线圈电路，KM₁ 线圈断电释放，将自耦变压器从电路切除；KA 的另一对常闭触头断开，HL₂ 指示灯灭；KA 的常开触头闭合，使 KM₂ 线圈通电吸合，电源电压全部加在电动机定子上，电动机在额定电压下进入正常运转，同时指示灯亮，表明电动机减压启动结束。由于自耦变压器星形连接部 HL₃ 分的电流为自耦变压器一、二次电流之差，故用 KM₂ 辅助触头来连接。

二、三相绕线转子异步电动机的启动控制

三相绕线转子感应电动机较直流电动机结构简单，维护方便，调速和启动性能比笼型感应电动机优越。有些生产机械要求较大的启动力矩和较小的启动电流，笼型感应电动机不能满足这种启动性能的要求，在这种情况下可采用绕线转子感应电动机拖动，通过滑环在转子绕组中串接外加设备达到减小启动电流，增大启动转矩及调速的目的。故三相绕线转子异步电动机的启动控制适用于重载启动的场合。按绕线转子启动过程中串接装置不同分串电阻启动和串频敏变阻器启动电路，转子串电阻启动又有按时间原则和电流原则控制两种。

三、固态降压启动器的启动控制

前述的传统异步电动机启动方式的共同特点是电路简单，但启动转矩固定不可调，启动过程存在较大的冲击电流，使被拖动负载受到较大的机械冲击，且易受电网电压波动影响。

固态减压启动器是一种集电机软启动、软停车、轻载节能和多种保护功能于一体的新颖电机控制装置。

固态减压启动器由电动机的启停控制装置和软启动控制器组成，其核心部件是软启动

控制器。软启动控制器是利用电力电子技术与自动控制技术，将强电与弱电结合起来的控制技术，其主要结构是一组串接于电源与被控电动机之间的三相反并联晶闸管及其电子控制电路，利用晶闸管移相控制原理，控制三相反并联晶闸管的导通角，使被控电动机的输入电压按不同的要求而变化，从而实现不同的启动功能。启动时，使晶闸管的导通角从零开始，逐渐前移，电动机的端电压从零开始，按预设函数关系逐渐上升，直至达到满足启动转矩而使电动机顺利启动，再使电动机全电压运行。所以三相异步电动机在软启动过程中，软启动控制器是通过加到电动机上的平均电压来控制电动机的启动电流和转矩，也就控制了电动机的转速。一般软启动控制器可以通过设定得到不同的启动特性，以满足不同负载特性的要求。

第四节　三相异步电动机的制动控制

一、电动机单向反接制动控制

反接制动是利用改变电动机电源的相序，使定子绕组产生相反方向的旋转磁场，因而产生制动转矩的一种制动方法。电源反接制动时，转子与定子旋转磁场的相对转速接近2倍的电动机同步转速，所以定子绕组中流过的反接制动电流相当于全压启动时启动电流的2倍，因此反接制动制动转矩大，制动迅速，冲击大，通常适用于10kW及以下的小容量电动机。为了减小冲击电流，通常在笼型异步电动机定子电路中串入反接制动电阻。另外，当电动机转速接近零时，要及时切断反相序电源，以防电动机反向再启动，通常用速度继电器来检测电动机转速并控制电动机反相序电源的断开。

二、电动机可逆运行反接制动控制

电路工作原理：合上电源开关，按下正转启动按钮 SB_2、KM_1、KT、KM_3，正转中间继电器 KA_3 线圈通电并自锁，其常闭触头断开，互锁了反转中间继电器 KA_4 线圈电路，KA_3，常开触头闭合，使接触器 KM_1 线圈通电，KM_1 主触头闭合使电动机定子绕组经电阻 R 接通正相序三相交流电源，电动机 M 开始减压启动。当电动机转速上升到一定值时，速度继电器正转常开触头 KS-1 闭合，中间继电器 KA_1 通电并自锁。这时由于 KA_1，KA_3 的常开触头闭合，接触器 KM_3 线圈通电，于是电阻 R 被短接，定子绕组直接加以额定电压，电动机转速上升到稳定工作转速。所以，电动机转速从零上升到转速继电器 KS 常开触头闭合这一区间是定子串电阻降压启动。

在电动机正转运转过程中，若按下停止按钮 SB_1，则 KA_3，KM_1，KM_3 线圈相继断电释放，但此时电动机转子仍以惯性高速旋转，使 KS-1 仍维持闭合状态，中间继电器 KA_1 乃处于吸合状态，所以在接触器 KM₁ 常闭触头复位后，接触器 KM₂ 线圈便通电吸合，其常开主触头闭合，使电动机定子绕组经电阻 R 获得反相序三相交流电源，对电动机进行反接制动，电动机转速迅速下降。当电动机转速低于速度继电器释放值时，速度继电器常开触头 KS-1 复位，KA₁ 线圈断电，接触器 KM₂ 线圈断电释放，反接制动过程结束。

电动机反向启动和反接制动停车过程与正转时相同，不同的是速度继电器作用的是反向触头 KS-2，中间继电器 KA₂ 替代了 KA₁，在此不再复述。

三、电动机单向运行能耗制动控制

能耗制动是在电动机脱离三相交流电源后，向定子绕组内通入直流电流，建立静止磁场，利用转子感应电流与静止磁场的作用产生制动的电磁转矩，达到制动的目的。在制动过程中，电流、转速和时间 3 个参量都在变化，可任取一个作为控制信号。按时间作为变化参量，控制电路简单，实际应用较多。

电路工作原理：电动机现已处于单向运行状态，所以 KM₁ 通电并自锁。若要使电动机停转，只要按下按钮 SB₁，KM₁ 线圈断电释放，其主触头断开，电动机断开三相交流电源。同时，KM₂、KT 线圈同时通电并自锁，KM₂ 主触头将电动机定子绕组接入直流电源进行能耗制动，电动机转速迅速降低，当转速接近零时通电延时型时间继电器 KT 延时时间到，KT 常闭延时断开触头动作，使 KM₂、KT 线圈相继断电释放，能耗制动结束。

第五节　三相异步电动机的调速控制

一、双速电动机的接线方式

双速电动机的每一相绕组可以串联或并联，对于三相绕组，还可连接成星形或三角形，这样组合起来接线的方式就多了。双速电动机常用的接线方式有 ZVYY 和 Y/YY 两种。

二、△/YY 连接双速电动机控制电路

（一）接触器控制双速电动机的控制电路

工作原理如下：先合上电源开关 QS，按下低速启动按钮 SB₂，低速接触器 KM₁ 线圈获电，互锁触头断开，自锁触头闭合，KM₁ 主触头闭合，电动机定子绕组连成三角形，电动机低速运转。如需换为高速运转，可按下高速启动按钮 SB₃，于是低速接触器 KM₁ 线圈断电释放，主触头断开，自锁触头断开，互锁触头闭合，高速接触器 KM₂ 和 KM₃ 线圈几乎同时获电动作，主触头闭合，使电动机定子绕组连成双星形并联，电动机高速运转。因为电动机的高速运转是由 KM₂ 和 KM₃ 两个接触器来控制的，所以把它们的常开辅助触头串联起来作为自锁，

只有当两个接触器都吸合时才允许工作。

(二) 时间继电器自动控制双速电动机的控制电路

如把 SA 扳到标有"低速"的位置时，接触器 KM₁ 线圈获电动作，电动机定子绕组的三个出线端子 U_1、V_1、W_1 与电源连接，电动机定子绕组连成三角形，以低速运转。

如把 SA 扳到有"高速"的位置时，时间继电器 KT 瞬时闭合，接触器 KM₁ 线圈获电动作，使电动机定子绕组连接成三角形，首先以低速启动。经过一定的整定时间，时间继电器 KT 的常闭触头延时断开，接触器 KM₁ 线圈断电释放，时间继电器 KT 的延时常开触头延时闭合，接触器 KM₂ 线圈获电动作，紧接着 KM₃ 接触器线圈也获电动作，使电动机定子绕组接成双星形以高速运转。

第六节 电气控制系统常用控制规律及保护环节

一、基本控制规律总结

通过对上述基本控制电路分析和讨论后，可以总结出组成电气控制电路的基本规律，以便更好地掌握电气控制电路基本原理。

(一) 按连锁控制的规律

电气控制电路中，各电器之间具有互相制约、互相配合的控制，称为连锁控制。在顺序控制电路中，要求接触器 KM₁ 得电后，接触器 KM₂ 才能得电，可以将前者的常开触点串接在 KM₂ 线圈的控制电路中，或者将 KM₂ 控制线圈的电源从 KM₁ 的自锁触点后引入。在电动机正、反转控制电路中，要求接触器 KM₁ 得电后，接触器 KM₂ 不能得电吸合，则需将前者的常闭触点串接在 KM₂ 线圈电路中，反之亦然。这种连锁关系称为互锁。

在单相点动、连续运行混合控制电路中，为了可靠地实现点动控制，要求电动机的正常连续工作与点动工作实现连锁控制，则需用复合按钮作点动控制按钮，并将点动按钮的常闭触点串联在自锁回路中。在具有自动停止的正反转控制电路中，为使运动部件在规定的位置停下来，可以把正向行程开关 SQ₂ 的常闭触点串入正转接触 KM₁ 的线圈回路中，把反向行程开关 SQ₄ 的常闭触点串入反转接触器 KM₂ 的线圈回路中。

综上所述，实现连锁控制的基本方法是采用反映某一运动的连锁触点控制另一运动的相应电器，从而达到连锁控制的目的。连锁控制的关键是正确地选择连锁触点。

(二) 按控制过程的变化参量进行控制的规律

在生产过程中总伴随着一系列的参数变化，例如电流、电压、压力、温度、速度、时间等参数。在电气控制中，常选择某些能反映生产过程的变化参数作为控制参量进行控制，从而实现自动控制的目的。

在星形－三角形减压启动控制电路中，选择时间作为控制参量，采用时间继电器实现电动机绕组由星形向三角形连接的自动转换。这种选择时间作为控制参量进行控制的方式称为时间原则。

在自动往返控制电路中，选择运动部件的行程作为控制参量，采用行程开关实现运动部件的自动往返运动。这种选择行程作为控制参量进行控制的方式称为行程原则。

在反接制动控制电路中，选择速度作为控制参量，采用速度继电器实现及时切断反向制动电源。这种选择速度（转速）作为控制参量进行控制的方式称为速度原则。

在绕线式异步电动机的控制电路中，选择电流作为控制参量，采用电流继电器实现电动机启动过程中逐级短接启动电阻。这种选择电流作为控制参量进行控制的方式称为电流原则。

控制过程中选择电压、压力、温度等控制参量进行控制的方式分别称为电压原则、压力原则、温度原则。

按控制过程的变化参量进行控制的关键是正确选择参量，确定控制原则，并选定能反映该控制参量变化的电器元件。

二、常用保护环节

电气控制系统必须在安全可靠的前提下来满足生产工艺要求。为此，在电气控制系统的设计与运行中，必须考虑系统发生各种故障和不正常工作情况的可能性，在控制系统中设置有各种保护装置。保护环节是所有电气控制系统不可缺少的组成部分。常用的保护环节有过电流、过载、短路、过电压、失电压、断相、弱磁场与超速保护等，本节主要介绍低压电动机常用的保护环节。

（一）短路保护

当电器或线路绝缘遭到破坏、负载短路、接线错误时都将产生短路现象。短路时产生的瞬时故障电流可达到额定电流的十几倍，使电气设备或配电线路因过流产生电动力而损坏，甚至因电弧而引起火灾。短路保护要求具有瞬动特性，即要求在很短时间内切断电源。短路保护的常用办法有熔断器保护和低压断路器保护。熔断器的选择见上一章有关内容。低压断路器动作电流按电动机启动电流的1.2倍来整定，相应低压断路器切断短路电流的触头容量应加大。

（二）过电流保护

过电流保护是区别于短路保护的一种电流型保护。所谓过电流是指电动机或电器元件超过其额定电流的运行状态，其一般比短路电流小，不超过6倍额定电流。在过电流情况下，电器元件并不是马上损坏，只要在达到最大允许温升之前，电流值能恢复正常，还是允许的。但过大的冲击负载，使电动机流过过大的冲击电流，以致损坏电动机。同时，过大的电动机电磁转矩也会使机械的传动部件受到损坏，因此要瞬时切断电源。电动机在运行中产生过电流的可能性要比发生短路的可能性大，特别是频繁启动和正反转、重复短时工作电动机中更是如此。

过电流保护常用过电流继电器来实现，通常过电流继电器与接触器配合使用，即将过电流继电器线圈串接在被保护电路中，当电路电流达到其整定值时，过电流继电器动作，而过电流继电器常闭触头串接在接触器线圈电路中，使接触器线圈断电释放，接触器主触头断开切断电动机电源。这种过电流保护环节常用于直流电动机和三相绕线转子异步电动机的控制电路中。若过电流继电器动作电流为1.2倍电动机电流，则过电流继电器也可实现短路保护作用。

（三）过载保护

过载保护是过电流保护中的一种。过载是指电动机的运行电流大于其额定电流，但在1.5倍额定电流以内。引起电动机过载的原因很多，如负载的突然增加，缺相运行或电源电压降低等。若电动机长期过载运行，其绕组的温升将超过允许值而使绝缘老化、损坏。过载保护装置要求具有反时限特性，且不会受到电动机短时过载冲击电流或短路电流的影响而瞬时动作，所以通常用热继电器作过载保护。当有6倍以上额定电流通过热继电器时，需经5s后才动作，这样在热继电器未动作前，可能使热继电器的发热元件先烧坏，所以在使用热继电器作过载保护时，还必须装有熔断器或低压断路器的短路保护装置。由于过载保护特性与过电流保护不同，故不能用过电流保护方法来进行过载保护。对电动机进行断相保护，可选用带断相保护的热继电器来实现过载保护。

（四）失电压保护

电动机应在一定的额定电压下才能正常工作，电压过高、过低或者工作过程中非人为因素的突然断电，都可能造成生产机械损坏或人身事故。因此在电气控制电路中，应根据要求设置失电压保护、过电压保护和欠电压保护。

电动机正常工作时，如果因为电源电压消失而停转，一旦电源电压恢复时，有可能自行启动，电动机的自行启动将造成人身事故或机械设备损坏。为防止电压恢复时电动机自行启动或电器元件自行投入工作而设置的保护，称为失电压保护。采用接触器和按钮控制的启动、停止，就具有失电压保护作用。这是因为当电源电压消失时，接触器就会自动释放而切断电动机电源，当电源电压恢复时，由于接触器自锁触头已断开，不会自行启动。如果不是采用按钮而是用不能自动复位的手动开关、行程开关来控制接触器，必须采用专门的零电压继电器。工作过程中一旦失电，零压继电器释放，其自锁电路断开，电源电压恢复时，不会自行启动。

（五）欠电压保护

电动机运转时，电源电压过分降低引起电磁转矩下降，在负载转矩不变的情况下，转速下降，电动机电流增大。此外，由于电压的降低引起控制电器释放，造成电路不正常工作。因此，当电源电压降到60%～80%额定电压时，将电动机电源切除而停止工作，这种保护称欠电压保护。

除上述采用接触器及按钮控制方式，利用接触器本身的欠电压保护作用外，还可采用欠电压继电器来进行欠电压保护，吸合电压通常整定为0.8～0.85，释放电压通常整定为0.5～0.7，其方法是将电压继电器线圈跨接在电源上，其常开触头串接在接触器线圈电路中，当电源电压低于释放值时，电压继电器动作使接触器释放，接触器主触头断开电动机电源实现欠电压保护。

（六）过电压保护

电磁铁、电磁吸盘等大电感负载及直流电磁机构、直流继电器等，在通断时会产生较高的感应电动势，将使电磁线圈绝缘击穿而损坏。因此，必须采用过电压保护措施。通常过电庄保护是在线圈两端并联一个电阻，电阻串电容或二极管串电阻，以形成一个放电回路，实现过电压的保护。

（七）直流电动机的弱磁保护

直流电动机磁场的过度减少会引起电动机超速，需设置弱磁保护，这种保护是通过在电动机励磁线圈回路中串入电流继电器来实现的。在电动机运行时，若励磁电流过小，欠电流继电器释放，其触头断开电动机电枢回路线路、接触器线圈电路，接触器线圈断电释放，接触器主触头断开电动机电枢回路，电动机断开电源，实现保护电动机之目的。

（八）其他保护

除上述保护外，还有超速保护、行程保护、油压（水压）保护等，这些都是在控制电路中串接一个受这些参量控制的常开触头或常闭触头来实现对控制电路的电源控制。这些装置有离心开关、测速发电机、行程开关、压力继电器等。

思考题

1. 简要叙述绘制电气原理图的原则。
2. 列举电气控制电路基本控制规律。
3. 说出电气控制系统常用控制规律。
4. 常用电气控制系统保护环节有哪些？

第三章 电气自动化控制系统的硬件模块

任务导入：

在工业生产过程中，为了保证生产安全提高产品质量，实现生产过程的自动化，必须准确而及时地检测出生产过程中的有关参数，例如温度、压力、流量等，用来检测这些参数的技术工具称为检测仪表。工业控制系统中检测仪表是实现自动控制的基础，我们在介绍一些基础知识和基本概念之后，主要讲解温度、压力、流量、物位等参数的检测方法及仪表。

学习大纲：

1. 学习常用低压电器、电气元件及电子元器件。
2. 了解电气自动化控制系统中常用的动力设备。
3. 认知电气自动化控制系统中常用传感器。

第一节 常用低压电器、电气元件及电子元器件

一、常用低压电器

凡是在电能的生产、输送、分配和使用过程中起到控制、调节、检测、转换及保护作用的电工器械均可称为电器。用于交流电路额定电压在1200V以下、直流电路额定电压在1500V以下的电器则称为低压电器。电器的用途广泛，功能多样，种类繁多，构造各异。本节主要研究在电气控制系统中常用的低压电器，为进行控制系统设计打下基础。

（一）熔断器

熔断器是一种结构简单、使用方便、价格低廉的保护电器，广泛用于供电线路和用电设备的严重过载和短路保护。熔断器通常由熔体和熔座两部分组成，结构形式有插入式、螺旋式、填料密封管式、无填料密封管式等，品种很多。常用的有RL6，RLS2，RT14，RT18，RT20，NT，NGT等系列。

选择熔断器的一般原则：

1. 熔断器额定电压应大于线路的工作电压。

2. 熔断器额定电流必须大于或等于所装熔体的额定电流。

熔体的额定电流的选择通常可分为下列几种情况：

（1）对于电热器或照明等电阻性负载，熔体额定电流应略大于负载电流。

（2）对于供电线路，熔体额定电流应等于或略小于线路的安全电流。

（3）保护一台电动机时，考虑启动电流的影响，熔体的额定电流 I_{Fu}，可按下式选择

$$I_{FU} \geqslant (1.5 \sim 2.5) I_N$$

式中的 I_N 为电动机额定电流（A）。对于带负载起动或频繁起动的电动机，式中的系数可加大至 30。

（4）保护多台电动机时可按下式选择

$$I_{FU} \geqslant (1.5 \sim 2.5) I_{N\max} + \sum I_N$$

式中，$I_{N\max}$ 是容量最大的一台电动机额定电流；$\sum I_N$ 为其余电动机额定电流的总和。

（5）上、下两级都装设熔断器时，为使两级保护互相配合良好，两级熔体的额定电流比值不小于 1.6∶1。

（6）半导体器件对过载非常敏感，应采用半导体器件保护用熔断器（俗称快速熔断器），如 RLS2、NGT 等系列产品。

（二）接触器

接触器是一种通用性很强的电磁式电器，它可以频繁地接通和分断交直流主电路，并可实现远距离控制，主要用来控制电动机，也可以控制电容器、电热设备和照明器具等负载。接触器具有一定过载能力，但不能切断短路电流；它具有失电压保护功能，但本身没有过载保护功能。交流接触器的主触点通常有 3 对，直流接触器主触点为 2 对，还带有一定数量的辅助触点。近年来还出现了真空接触器和由晶闸管组成的无触点接触器。

接触器选用时应注意下列问题：

1. 根据负载性质及电源类型选择接触器的型号。

2. 接触器主触点的额定电压大于或等于负载回路的电压。

3. 接触器的额定电流应大于或等于被控回路的额定电流,如所控制的电动机频繁启动、制动或正反转时，接触器的额定电流还应增大一个等级。

4. 线圈的额定电压选择：吸引线圈的额定电压应与控制电路的电压相一致，对于简单控制电路可直接选用交流 380V、220V 电压。

5. 接触器的触点数量、种类的选择：接触器触点数量和种类应根据主电路和控制电路的需要来选择，有不少新型接触器备有多种附件，如不同种类和数量的辅助触点组合、

空气式延时触点、机械联锁等可供选用，也可用增加中间继电器的方法来解决。

（三）继电器

继电器是一种根据某种输入信号的变化来接通或断开控制电路，实现自动控制或保护作用的电器。继电器通常由输入电路（又称感应元件）和输出电路（又称执行元件）两部分组成，当感应元件中的输入量如电压、电流、温度、压力等变化到某一定值时执行元件动作，接通或断开控制回路。继电器的种类很多，随着电子技术的发展，新型电子式小型继电器比传统的继电器灵敏度更高、体积更小、功能更强、寿命更长，应用日益普遍。下面对经常使用的几种继电器做简单的介绍。

1. 电磁式继电器：是应用最早也最多的继电器，按其输入信号性质可分为电流、电压继电器和中间继电器三种。

（1）电流继电器：电流继电器的线圈与被测电路串联，按照电路中电流变化而动作，其线圈匝数少、导线粗、阻抗小，常用于按电流原则进行控制的场合。按电流继电器的动作电流特点又可分为欠电流、过电流两种。

（2）电压继电器：电压继电器的线圈与被测电路并联，其线圈匝数多、线径细、阻抗大。电压继电器根据所接电路电压值的变化而处于吸合或释放状态，按其动作电压特点而又有过电压、欠电压和零电压三种。过电压继电器在电压正常时释放，当发生过电压（$1.1 \sim 1.5 U_N$）时吸合；欠电压、零电压继电器则在电路电压正常时吸合，当发生欠电压（$0.4 \sim 0.7 U_N$）或零电压（$0.05 \sim 0.25 U_N$）时释放。

（3）中间继电器：中间继电器的吸引线圈是电压线圈，但它的触点数量较多（多达4对常开、4对常闭触点）、触点容量较大（可达5A以上），在电路中起中间转换作用。

2. 时间继电器：在感应元件获得信号后，执行元件要延迟一段时间才动作的继电器叫作时间继电器。时间继电器种类很多，按其工作原理可分为电磁式、空气阻尼式、电动式、晶体管式和数字式等；按其延时特点区分则有通电延时和断电延时等，此外，有些时间继电器还带有瞬时动作（不延时）的触点。

选用时间继电器时首先应考虑控制系统所提出的技术要求，对于延时精度要求不高和延时时间较短的，可选用廉价的空气阻尼式；要求延时精度较高、延时时间较长以及延时时间需要经常调节的场合，应选用晶体管式或数字式；在电源波动大的场合采用阻尼式或数字式较好；而在温度变化大的场合则不宜采用空气阻尼式等等。数字式时间继电器具有数字显示，采用拨码开关整定延时时间，直观性、准确性好，延时调节范围宽，具有明显的优越性。

3. 热继电器：热继电器是利用电流流过热元件时产生的热量使敏感元件——双金属片发生弯曲，这种变形达到一定程度时推动执行机构使控制触点发生转换的保护电器，主要用于交流电动机的过载、断相及电流不平衡运行的保护以及其他电气设备发热状态的控制。热继电器还与交流接触器配合组成磁力启动器。

热继电器根据其热元件的多少可分为单相式、两相式、三相式等；根据复位方式又可分为自动复位和手动复位两种；三相式热继电器又有带断相（又称差动）保护和不带断相保护两种。

热继电器只能用做电动机的过载保护而不能作为短路保护使用。热继电器的主要技术数据有热继电器的额定电流、热元件的极数及热元件的额定电流及调节范围等。在选用时要注意以下两点：

（1）长期工作制下，按电动机的额定电流来确定热继电器的型号及热元件的额定电流等级，热元件的额定电流 I_{FR} 应略大于电动机的额定电流 I_N，在使用时热继电器的整定旋钮应调节到电动机的额定电流处，否则将起不到保护作用。当电动机的启动时间较长（超过5s以上），热元件的额定电流可根据具体情况调节到电动机额定电流的1.1倍以上的数值处。

（2）对于三角形联结的电动机，应选用带断相保护功能的三相式热继电器。

（四）低压断路器

低压断路器俗称自动空气开关或自动开关，它相当于刀开关、熔断器、热继电器、过电流继电器、欠电压继电器的功能组合，有些低压断路器还带有若干对辅助控制触点，是一种既有手动开关作用又能自动进行欠电压、失电压过载和短路保护的电器，它在低压配电系统中起着非常重要的作用。低压断路器通常用于不频繁地接通和分断电路，也可以用来控制电动机。低压断路器与接触器不同的是：接触器可以频繁地接通或分断电路，但不能分断短路电流；低压断路器则不仅可以分断额定电流，而且能够分断短路电流，但不宜频繁操作。

低压断路器种类繁多，可按用途、结构特点、极数、传动方式等来分类：

1. 按用途分：有保护配电线路用、保护电动机用、保护照明线路用和漏电保护用等；

2. 按主电路极数分：有单极、两极、三极、四极断路器，小型断路器还可以拼装组成多极断路器。

3. 按保护脱扣器种类分：有短路瞬时脱扣器、短路延时脱扣器、过载长延时反时限保护脱扣器、欠电压瞬时脱扣器、欠电压延时脱扣器、远方紧急跳闸用分励脱扣器、漏电保护脱扣器等。上述各种脱扣器可以根据需要选择并组装在断路器上。

4. 按动作方式分：有直接手柄操作、手柄储能操作快速合闸、电磁铁操作、电动机操作、电动机储能操作快速合闸等。

5. 按结构形式分：有塑料外壳式、框架式两种。

在电气控制系统中通常选用塑料外壳式断路器。断路器的主要技术参数有额定电流、额定电压、极数、允许分断的极限电流、脱扣器的种类及整定值等。在设计时应根据被控电路的额定电压、短路容量、负载电流大小等参数选择断路器的型号规格，这就要求所选用的断路器的额定电压和额定电流不小于电路的正常工作电压和工作电流；极限分断能力要大于电路的最大短路电流；欠电压脱扣器额定电压应等于主电路额定电压；热脱扣器的整定电流应与所控制电动机或负载的额定电流相等；电流脱扣器的瞬时脱扣整定电流应大于负载电路正常工作时的尖峰电流，保护电动机时取其启动电流的1.5倍。

（五）主令电器

主令电器是在自动控制系统中发出指令或信号的电器，用来控制接触器、继电器或其他电器元件，使电路接通或分断，从而改变控制系统工作状态。主令电器种类很多，主要有按钮、行程开关、接近开关、万能转换开关、主令控制器及脚踏开关、紧急开关等。

1. 控制按钮：控制按钮是一种结构简单、应用广泛的手动操作电器。在低压控制电路中，通过按钮短时接通或断开小电流的控制电路，在可编程序控制器的电路中按钮是常用的输入信号元件。

通常按钮由按钮帽、复位弹簧、桥式动静触点和外壳组成，当按下按钮帽时其常闭触点先断开然后常开触点闭合（即先断后合），松开按钮帽后，在复位弹簧的作用下其常开触点和常闭触点便恢复原来的状态。

按钮的结构也有多种形式，除上述的普通按钮外，还有紧急式、自锁式、旋钮式及钥匙式等，自锁式按钮在第一次操作后仍然保持转换的状态，要再操作一次才恢复原状；还有带指示灯的，它的按钮帽用不同颜色的透明塑料制成，兼作指示灯罩。旋钮式有两个或三个工作状态。

按钮通常安装在电控设备的操作部位，为了便于识别按钮的功能，通常将按钮做成红、绿、黄、蓝、黑、白等颜色，一般红色表示停止按钮，绿色表示启动按钮，红色蘑菇头表示紧急停止按钮等等。

2. 行程开关：行程开关又称限位开关或位置开关，是一种利用生产机械某个运动部件的碰撞来发出控制信号，主要用于生产机械运动方向转换、行程大小控制或位置保护等。行程开关的种类很多，按其头部结构可分为直动、杠杆、单轮、双轮、弹簧杆等；有的不能自动复位，有的动作距离很小被称为微动开关。

3. 接近开关和光电开关：接近开关是一种非接触式、无触点行程开关，当运动着的物体与它接近到一定距离时就发出信号，控制电路执行相应的动作。接近开关不仅能代替上述有触点行程开关完成行程控制和限位保护，还可用来测速、液位检测等。接近开关不受机械力的作用，工作可靠、寿命长，定位精度高，能适应恶劣的工作环境，在工业生产领域应用日益普遍。

接近开关按其工作原理可分为高频振荡型、电容型、霍尔效应型、永久磁铁型（干簧管式）等。主要技术参数有：动作距离、重复精度、操作频率、工作电压、电流等。

光电开关是另一种类型的非接触式检测装置，它由一个红外光发射器和接收器组成，根据两者的位置和光的接收方式的不同，可分为对射式和反射式两种，作用距离从几厘米到几十米不等。

二、常用电气元件

（一）蜂鸣器

蜂鸣器通电后会发出报警声音隔太远，以提醒工作人员注意，蜂鸣器有压电式、机械式、电磁式等，蜂鸣器的工作电压有 DC6V、DC12V、DC24V、DC36V、AC220V、AC380V 等不同的电压等级，报警声音也有很多种。

（二）电能表

电能表主要是用来计量线路中的输入、输出或两者之间的电能（也叫千瓦时，记为 kW·h），电能表多数情况下用于计量负载侧（用户）消耗的电能。交流电能表有单相、三相四线或三相三线之分，居民家中使用的多为单相电能表，工业或单位使用的多数为三相四线或三相三线电能表。电能表的电压和电流接线有一定的相序（顺序），需要按说明书接线，如果电能表倒转则把所有三相的电流进出接线同时对调一下，单相表则对调一下。

（三）功率因数表

功率因数是指交流线路中电压和电流的相位角的余弦值，它的值在 0～1 之间，工业中大量使用的电气装置多数为感性负载（如电动机、变压器等），这就造成线路的电流相位滞后于电压相位0°～90°，这样负载侧除实际消耗的功率外还占用了电源的无功功率，致使电能的利用率下降，线路损耗增加。实际应用中人们利用电容负载电流相位超前电压相位 0°～90°的特性对功率因数进行补偿，使其尽量接近1，以解决无功损耗问题。

（四）刀开关

刀开关在过去的配电设备中是一种较常见的通断电控制装置，有2位和3位刀开关，刀开关上的熔丝起过载或短路保护的作用，合上开关，电流接通，拉下开关电源断开，上端口接进电侧，下端口接用户负载。

（五）漏电开关

漏电开关主要用于保护人身安全，有单相和三相漏电开关之分，它的主要原理是线路中各相电流的矢量之和为零。

（六）气缸

气缸在自动化生产线和单机自动化设备中经常使用，最常见的是做直线运动和旋转运动，气缸的种类很多，有普通气缸、旋转气缸、双导杆气缸、标准气缸、无杆气缸、双活塞杆气缸、短行程气缸等。

气缸通气后产生动作，有的气缸为了产生正反两个动作，要有两个进气口。

（七）开关电源

常规直流线性电源由变压器、整流桥、滤波电容和稳压器件组成，开关电源通过控制开关管的导通占空比来控制输出电压值，它比常规直流线性电源体积小、质量小，所以，近年来得到了大量的应用，它的输出电压可以有很多种，并且同时也可以有多组输出。常用的电压输出：DC5V、DC6V、DC10V、DC12V、DC15V、DC24V 等。

（八）绝缘子

电气控制柜内使用的绝缘子主要用于支撑动力铜排、动力铝排和电控柜的零线接出。

（九）塑料配线槽和金属电缆桥架

控制相内的线路较多时，为了美观和布线方便，把线放入塑料配线槽中，配线槽由槽底和槽盖两部分组成。

（十）尼龙扎带和缠绕管

自锁式尼龙扎带用于捆绑电线，以使布线显得规整。缠绕管（卷式结束保护带）用于保护电线不受磨损及绝缘，并可改进电线的弯曲使之美观，它的使用方法是先用缠绕管固定起点一端，然后按顺时针方向环绕缠紧，即可将电线束为一体。

（十一）接线端头、定位块和电缆固定头

定位块的用法：用定位块自身的不干胶将定位块粘在柜体上，将电线用自锁式尼龙扎带绑在定位块上，一般用于对少量电线的固定，比如柜门上的电线固定（使用配线槽不方便）。

电缆固定头的用法：当电线电缆从柜内接出时，为了防止线缆折损和从内部端子上被拉松，需要用电缆固定头将电线固定锁紧。

接线端头的用法：将电线的裸露头插入接线端头，用冷压钳压紧，这样就可以实现可靠的连接，并且拆卸方便。

（十二）发电机

发电机同电动机的工作原理正好相反，电动机是通电后输出旋转动力，而发电机则是输入旋转动力而输出电能。发电机和电动机的界限有时不太明显，如一个普通的永磁直流电动机，用动力去旋转它，它也会发出电来。电动机被其他负载拖动旋转（如电梯向下运行），也会成为发电机而发出电来。专用发电机和专用电动机因各自的主要目的不同，设

计结构也有所不同，一般不要互换使用，否则可能会使运行效率下降很多。

电气传动中，常用小型直流发电机测量电动机的旋转速度，转速不同，发电机产生的电压就不同，这种发电机称为直流测速发电机。

三、常见电子元器件及开发工具

（一）电阻

电阻对电流有阻碍作用，就像输水的管路对水流有阻碍作用一样，管道越细，水流动的阻力就越大。电阻也是一样，电阻越大，电流就越小，电阻在电路中起限流、分压等作用。电阻上的电压、电流和电阻符合欧姆定律，电气控制电路中常用某类电路来得出分压值。

大功率电阻的主要用途有：用串电阻方式来启动电动机；作为变频器和伺服控制器的制动电阻；工业加热炉等。

有一些电阻对光、某种气体或电压等较敏感，电阻值同时会发生相应的变化。对光和气体敏感的电阻常用于测光和测气的传感器。对电压敏感的电阻，称为压敏电阻，它的特性是电压高于某一值时，电阻会瞬间短路，将电荷放掉，这类电阻和熔断器配合常用于保护内部电路，防止外部高电压对内部电路的损伤。

常见电阻有金属膜、碳膜、氧化膜、绕线、釉、水泥、贴片、无感、光敏、压敏、热敏、气敏、熔断等不同类型。

电阻的主要参数是电阻值、功率、精度和温变系数等。

（二）电容电感

电容能存储电荷，就像水池能储存水一样，电容上的电压不会突变。

电容的主要参数是电容值、耐压、漏电系数、温度系数等。

电容有独石、云母、聚乙酯膜、陶瓷、钽、铝电解、金属化聚丙烯薄膜、金属化聚碳酸酯、贴片等不同种类。

电感有的是用空心线圈做成的，也有的是将线圈缠在其他磁性材料上制成的。电感和电容可以组成LC振荡电路，由于电感中流过的电流不能突变，所以电感在电路中也常被用于消除高频干扰，在变频器中用直流电抗器进行续流。一般情况下，电感的应用场合不如电容和电阻的多。

电感有色环（码）电感、可调电感、滤波电感、空心电感、屏蔽电感、扼流线圈、固定电感、贴片电感、磁珠电感、表面安装电感等。

（三）二极管

二极管的作用有点像供水管路中的单向阀，单向阀只允许水向一个方向流动，当水反向流动时它的阀板由于重力（或弹簧等其他力量）就关闭。二极管对于电流也有单向导通作用，二极管其实就是一个P/N结，它允许电流从P（正）端流向N（负）端，电流可以顺箭头所指方向流过，二极管的压降约为0.3V（锗管）和0.7V（硅管）。

二极管反向不导通，但是当反向电压高于某一值时，会发生反向雪崩击穿，利用二极管的这一特性可以做成稳压管，稳压二极管的作用是将不稳定的电压经过电阻和稳压二极管后变为稳定的电压输出，在电路中常用作稳定的供电电源或是电压基准。发光二极管的作用是通电后发光。

二极管的主要参数：最大电流、耐压系数、最高工作频率、正反电阻、压降、稳压值、发光颜色等。二极管的种类有检波、整流、开关、稳压、快恢复、发光、光敏、激光等不同类型，常用小功率二极管的型号有1N4001-1N4007，F4001-UF4007，1N4148等。

（四）晶体管

晶体管在电路中主要起放大（反相或驱动）作用，它的主要参数有：放大倍数、耐压、最大电流、放高工作频率等。晶体管类似于管道上的按压式冲水阀（或液压千斤顶），人用很小的力，就可以控制输出一个较大的力。晶体管有NPN型和PNP型之分，P是Positive（正）的缩写，N是Negative（负）的缩写。

（五）三端稳压器

三端稳压器是由很多电阻、二极管和晶体管组成的集成电路，它的主要作用就是将输入的直流电压变为一个稳定的输出电压，三端中的一个端为输入端、一个端为输出端、另一个端为公共地。

（六）数码管

数码管是由多个发光二极管按照阿拉伯数字8的形状排列组成，数码管有共阴极和共阳极之分，颜色有红、绿、黄、蓝等不同种类。

（七）放大器

放大器是由很多电阻、二极管和晶体管组成的集成电路，它的主要作用就是将输入信号放大。

（八）与门

与门电路是数字电路中的基本单元之一，它是由很多电阻、二极管、晶体管组成的集成电路。

（九）或门和异或门

或门是数字电路的基本单元之一，它也是由很多电阻、二极管和晶体管组成的集成电路。

（十）非门

"非"门（反相门）是数字电路的基本单元之一。

（十一）触发器

触发器有 D 和 JK 等几种形式，它是数字电路的基本单元之一。

（十二）A/D 转换器

A/D 转换器（模拟/数字转换器）用于将模拟信号转换成数字信号（二进制信号），A/D 转换器转换为二进制的位数决定了它的分辨率，如把 0～5 V 信号转换成 8 位数字二进制信号，也就是转换成 0～255，如转换成 10 位二进制数则为 0～1023，显然位数越高精度也越高。为了减少 A/D 转换器的引脚数有用串行方式输出的二进制数据的 A/D 转换器，还有的 A/D 转换器（如万用表上的 A/D 转换器 7106）可以直接输出十进制的 8421 码。

（十三）D/A 转换器

D/A 转换器（数字/模拟转换器）用于将数字电路的二进制信号转换成模拟信号输出，它与 A/D 转换器的原理相反，D/A 转换器的分辨率有 8 位、10 位、12 位、14 位等，分辨率越高，其 D/A 转换输出的模拟信号就越精细，精度也就越高。

（十四）存储器

存储器是专门用于存放程序和数据的器件，它有很多种类，包括随机存储器 RAM、可擦除存储器 EPROM（紫外光擦除）、E2PROM（电擦除）、Flash（闪存）、只读存储器 ROM 等，它的主要参数：存储容量（16KB、64KB 等）、读写方式（并行或串行）、存储位数（1 位、8 位、16 位等）、存储速度等。RAM 的速度快，但是掉电后内容无法保存；ROM 存储器只能在线读取数据或程序，必须在出厂时定制；Flash 的读取方便且速度也较快。

（十五）单片机系统及开发设备

单片机可以按照预先编好的程序，能完成诸如数据输入、复杂运算、数据显示、动作输出等功能，它可以接收外围器件的模拟信号输入、显示数据到外围显示器件、接收按键指令、输出模拟信号、接收开关量信号、输出开关量信号等。以单机片控制为中心的设备开发，需要用专门的单片机开发设备，对其进行编程调试，形成完整的单片机产品，如 PID 控制器、数据显示仪等。

（十六）电路绘图及制板软件 Protel

具有一定功能的电路，是由电子元器件在印制电路板上焊接后连在一起来实现的。用于绘制电子线路图和设计印制电路板最常用软件是 Protel，Protel 软件用于电子电路绘图时，先从元器件库中把你所要使用的元器件调入画面中，并选定好封装形式、输入数值或标记，然后将各引脚根据设计的电子电路连接好，最后形成网点图。Protel软件用于绘制印制电路板设计时，先画出印制电路板的尺寸，再将设计的电子电路的网点图及所用到的电子元器件调入该印制线路板中，将元器件在该印制电路板上做一个基本布局，选择在哪个面上布线，哪个面上布件，是单面、双面还是多面等，然后可以选择人工布线或自动布线方式进行布线操作，布完线，可以让Protel软件将电子电路图和制板图做一个对比检查，看有无错误。在丝网印刷层写好附加信息（如编号、公司等），最后，可以将设计好的印制板电子文档发送到专门的制板厂加工即可。

第二节 在电气自动化控制系统中常用的动力设备的研究

一、电动机

电动机是电气自动化领域最常见的动作执行装置，接入合适的电源后电动机将产生旋转运动。电动机因供电电源不同而分为直流电动机和交流电动机。早期由于直流电动机的调速方法易实现且调速性能好，其在工业调速领域中发挥了主要作用。随着电力电子技术的快速发展，目前交流调速技术已经成熟，由于直流电动机的碳刷存在磨损和打火问题，易发生故障，所以近年来直流电动机正逐渐被交流电动机所取代。不过在很多小型的电子装置中，直流电动机仍发挥着主要作用，如录音机、录像机、照相机等。常见的普通交流电动机有单相和三相之分，交流电动机的工作电压有很多种，在我国多数为AC 220V、AC 380V、AC 6kV、AC 10kV等，交流电动机的主要参数为额定工作电压、额定输出功率、防保等级（潜水、防水等）等，交流电动机的外形因功率和使用场合的不同差异较大。转子速度低于定子旋转磁场速度的交流电动机叫异步电动机，转子速度等于定子旋转磁场速度的交流电动机叫同步电动机。伺服电动机主要用于需要精密同步和控制的场合，它的主要特点是精度高、响应快、全速度范围提供额定转矩。变频调速电动机可以长时间低速运行，它的特点是低速时仍可以提供较大的转矩，使它优于普通交流电动机。步进电动机每次动作都转过一个固定角度，它的优点是不需要反馈，控制简单，且可以直接定位，缺点是高速运转时力矩变小。能直接产生直线运动的电动机叫直线电动机，它不再需要将旋转运动通过机械变为直线运动，它体积小、精度高。

二、变压器

变压器由绕在特制铁心上的几组线圈组成，变压器因用途不同分为电力变压器、自耦减压变压器和控制变压器等，常见变压器有单相变压器和三相变压器。也有一种类似变压器的装置叫电抗器，它利用电感线圈中的电流不能突变的原理，提供续流和稳流作用，在变频器应用中，有时需要在电源输入侧串接输入电抗器以减少变频器产生的谐波对电网的干扰；在变频器的中间直流环节串接直流电抗器以提高功率因数；在接电动机的输出侧串接输出电抗器以减少变频器产生的谐波对大地形成的位移电流漏电效应，延长变频器到电动机之间的使用距离。

自动化控制领域常用的为控制变压器和自耦减压变压器。控制变压器用于为控制电路或装置提供低压电源或提供抗干扰隔离电源，输入侧电压和输出侧电压之比等于输入线圈匝数与输出线圈匝数之比，它的主要参数为额定功率、输入电压和输出电压等，常用的输出电压为AC6V、AC12V、AC24V和AC36V等，当用作抗干扰隔离变压器时输入电压和输出电压相等，不过请注意，隔离后的输出侧如果没有实施一端接地，电压就不再有零线相线之分，接任何一根输出线都不会触电。自耦减压变压器是通过缠在铁心上的同一组线圈在不同处的抽头来实现升压或降压的，不过在电气自动化领域应用较多的是启动电动机用的三相自耦减压变压器，多数三相自耦减压变压器有65%和85%两组减压抽头，其主要参数为功率。自耦减压变压器一般为短时工作制，时间太长就会发热而烧毁，日常工作中一定要注意这一点。

三、电磁阀

电磁阀是一种控制液体或气体通断的装置，通电后电磁阀动作，断电后恢复原状态。电磁阀分为通电关闭和通电打开两种，这主要是从安全角度考虑的，有些控制过程要求突然断电时，要把介质关断（如煤气）才行，而另一些控制过程可能要求突然断电后打开才安全，当要求对多路气体或液体进行通断控制时，就要用多位多通电磁阀。

（一）电动调节阀

电动调节阀与电磁阀的不同在于电动调节阀阀门的打开角度可以控制，而不只是简单的通和断。带有阀门定位器的电动调节阀在控制系统中可以用标准信号（0～5 V，4～20 mA）等进行阀门的开度控制，不带阀门定值器的电动阀，利用阀门电动机的正反转及阀门开度反馈信号来控制阀门的开度。气动调节阀利用压缩空气为动力控制阀门的开关，气动调节阀有气开和气关两种，气开和气关功能的选择主要依据的是因意外原因突然断气后系统的安全性要求，如煤气控制阀可能多数情况下选气开是安全的，这样在突然断气后阀门关闭使得煤气系统更安全，气开和气关的选择会影响到控制器控制作用的正反选择。

（二）电线

一般电控柜内的控制电路（也叫二次线路）多用0.3～1.5 mm^{2}的电线连接。电动机主电源线路（也叫主电路或动力线路）根据线路工作电流的大小选择相应截面积的电线，电流太大时，因电线走线不方便，在电控柜内用铜（或铝）排代替动力电线，为便于检查相线的对错，三相电源线A、B、C在柜内按上中下、左中右、后中前布置，ABC相对应的色标为黄、绿、红。控制柜到电动机的电线多用动力电缆，线径粗大，一般为三芯或四芯，相间绝缘较厚，外侧有金属铠甲保护。

（三）接线端子

当电控柜需要同柜外装置、远端控制盘或柜门上的元器件连接时，多数情况下，外边的电线不是直接接到内部元器件上，而是先将柜内需要外接的接点连接到端子上，再从端子上与外界元器件连接。

第三节 在电气自动化控制系统中常用传感器的研究

一、传感器的组成和分类

在工业企业中，为了保证生产安全、产品质量和实现生产过程自动化，必须用检测装置来准确而及时测定各种工艺参数，传感器就是检测装置的关键器件。国家标准《传感器通用术语》对于传感器作了如下定义："能感受（或响应）规定的被测量，并按照一定规律转换成可用信号输出的器件或装置。传感器通常由直接响应于被测量的敏感元件和产生可用信号输出的转换元件以及相应的电子线路所组成。"在不同的技术领域中对于传感器一类的器件还有其他的名称，例如在电子技术领域，通常把能感受信号的电子元器件称为敏感元件，如热敏元件、磁敏元件、光敏元件及气敏元件；在超声波技术中则更强调能量转换，如压电式换能器等等，而"传感器"是使用最为广泛的名称。

上面已经说明了传感器是由敏感元件和转换元件组成的，其中，敏感元件是指传感器中能直接感受或响应被测量的部分；转换元件是指传感器中将敏感元件感受或响应的被测量转换成适于传输或测量的电信号部分。由于敏感元件的输出信号一般都很微弱，因此需要有信号调理与转换电路对其进行放大、运算调制等。随着半导体器件与集成技术在传感器中的应用，传感器的信号调理与转换电路可能安装在传感器的壳体里或与敏感元件一起集成在同一芯片上。此外，信号调理与转换电路以及传感器工作必须有辅助的电源，因此，信号调理转换电路以及所需的电源都应作为传感器组成的一部分。

传感器技术是一门知识密集型技术，它与许多学科相关。传感器的工作原理各种各样，其种类十分繁多，分类方法也很多，但目前一般采用两种分类方法：一是按被测参数分类，如温度、压力、位移、速度等；二是按传感器的工作原理分类，如应变式、电容式、压电式、磁电式等。本节是按后一种分类方法来介绍各种传感器，而在工程应用上则是根据被测参数种类来选择传感器的。对于初学者和使用传感器的工程技术人员来说，应先从工作原理出发，了解各种各样传感器，然后根据工程实际需要进行原理的选择和使用。

二、传感器的基本特性

在生产过程和科学实验中，要对各种各样的参数进行检测和控制，就要求传感器能感受被测参数的变化并将其不失真地变换成相应的电量，这不仅要求敏感元件对所测参数的响应有足够的灵敏度，而且还要求它尽可能少受环境因素的影响，也就是说，敏感元件的输出最好与输入量有单值对应关系（单值函数）。为了掌握传感器的基本特性，需要从静态和动态两个方面进行考察。

（一）传感器的静态特性

传感器的静态特性是指被测量的值处于稳定状态时的输出输入关系。只考虑传感器的静态特性时，输入量与输出量之间的关系式中不含有时间变量。衡量静态特性的重要指标是线性度、灵敏度、迟滞和重复性等。

1. 线性度：传感器的线性度是指传感器的输出与输入之间数量关系的线性程度。输出与输入关系可分为线性特性和非线性特性。从传感器的性能看，希望具有线性关系，即具有理想的输出输入关系。但实际遇到的传感器大多为非线性，如果不考虑迟滞和蠕变等因素，传感器的输出与输入关系可用一个多项式表示：

$$y = a_0 + a_1 x + a_2 x^2 + \cdots + a_n x^n$$

式中，a_0 为输入量 x 为零时的输出量；a_1 为线性项系数；$a_2 \cdots a_n$ 为非线性项系数。各项系数不同，决定了特性曲线的具体形式各不相同。

静态特性曲线可通过实际测试获得。在实际使用中，为了标定和数据处理的方便，希望得到线性关系，因此引入非线性补偿环节。如采用非线性补偿电路或计算软件进行线性化处理，从而使传感器的输出与输入关系为线性或接近线性。但如果传感器非线性的方次不高，输入量变化范围较小时，可用一条直线（切线或割线）近似地代表实际曲线的一段，使传感器输出—输入特性线性化，所采用的直线称为拟合直线。实际特性曲线与拟合直线之间的偏差称为传感器的非线性误差（或线性度），通常用相对误差表示，即

$$\gamma_L = \pm \frac{\Delta L_{\max}}{Y_{FS}} \times 100\%$$

式中，$\Delta L_{\max}$ 为最大非线性绝对误差；Y_{FS} 为满量程输出。需要注意的是即使是同类传感器，拟合直线不同，其线性度也是不同的。选取拟合直线的方法很多，用最小二乘法求取的拟合直线的拟合精度最高。

2. 灵敏度：灵敏度是指传感器的输出量增量与引起输出量增量的输入量增量的比值，即

$$S = \Delta y / \Delta X$$

对于线性传感器，它的灵敏度就是它的静态特性的斜率，而非线性传感器的灵敏度为一变量。

3. 迟滞：传感器在正（输入量增大）反（输入量减小）行程期间其输出—输入特性曲线不重合的现象称为迟滞。也就是说，对于同一大小的输入信号，传感器的正反行程输出信号大小不相等。这种现象主要是由于传感器敏感元件材料的物理性质和机械零部件的缺陷所造成的，例如弹性敏感元件的弹性滞后、运动部件摩擦、转动机构的间隙、紧固件松动等。

迟滞大小通常由实验确定。迟滞误差可由下式计算：

$$\gamma_R = \pm \frac{1}{2} \frac{\Delta_{max}}{Yfs} \times 100\%$$

（二）传感器的动态特性

传感器的动态特性是指其输出对随时间变化的输入量的响应特性。当被测量随时间变化，是时间的函数时，则传感器的输出量也是时间的函数，其间的关系要用动态特性来表示。一个动态特性好的传感器，其输出将再现输入量的变化规律，即具有相同的时间函数。实际上除了具有理想的比例特性外，输出信号将不会与输入信号具有相同的时间函数，这种输出与输入间的差异就是所谓的动态误差。

为了说明传感器的动态特性，下面简要介绍动态测温的问题。在被测温度随时间变化或传感器突然插入被测介质中以及传感器以扫描方式测某温度场的温度分布等情况下，都存在动态测温问题。如把一只热电偶从温度为 t_0 环境中迅速插入一个温度为 t_1 的恒温水槽中（插入时间忽略不计），这时热电偶测量的介质温度从 t_0 突然上升到 t_1，而热电偶反映出来的温度从 t_0 变化到 t_1 需要经历一段时间，即有一段过渡过程。热电偶反映出来的温度与介质温度的差值就称为动态误差。

造成热电偶输出波形失真和产生动态误差的原因，是温度传感器有热惯性和传热热阻，使得在动态测温时传感器输出总是滞后于被测介质的温度变化。如带有套管的热电偶的热惯性要比裸热电偶大得多。这种热惯性是热电偶固有的，这种热惯性决定了热电偶测量快速温度变化时会产生动态误差。影响动态特性的"固有因素"任何传感器都有，只不过它们的表现形式和作用程度不同而已。

动态特性除了与传感器的固有因素有关之外，还与传感器输入量的变化形式有关。对于正弦波输入信号，传感器的响应称为频率响应或稳态响应；对于阶跃输入信号，则称为传感器的阶跃响应或瞬态响应。

三、传感器与变送器

由于电量最便于传输、转换、处理和显示，因此大部分传感器输出信号都是电量，如电压、电流、电阻、电感、电容、频率等，对于某种传感器而言，采用哪一种电量作为输出是由其工作原理和电路结构决定的。为了便于把不同的传感器组成检测和控制系统，需要将传感器输出信号的物理量形式和数值范围做出统一的规定，这就可以给传感器和检测显示仪表的互换性和兼容性带来极大的方便。当前国际通用的标准信号是直流电流4～20mA或直流电压1～5V（空气压力信号为20～100kPa）。采用直流信号的优点是传输过程中容易与交流干扰相区分，而且不受传输线的电感、电容和负载性质的影响，不会产生相位移的问题，适于信号的远距离传送。采用这种标准时，以4mA（或1V）表示零信号，这种称为"活零点"的安排有利于识别检测装置断电、断线故障，而且变送器与检测装置之间的连接只需要两根导线，安装维修更加方便。如果用零电流表示零信号，由于信号为零时变送器内部总要消耗一定的电流，就不能采用"两线制"的连接方式。

变送器是从传感器发展而来的，凡能输出标准信号的传感器就称为变送器。输出非标准信号的传感器可以通过转换器变换为标准信号，例如频率转换器能把交流频率或脉冲频率转换为直流4～20mA信号；采用电—气转换器也可以将电流信号转换为气压信号，用来控制气动调节器。当前变送器产品的品种增长很快，对自动控制技术的发展有很大的推动作用。

还应指出，需要连续检测或控制某个工艺参数时，就必须采用连续作用的传感器和变送器，而连续作用的传感器和变送器又可分为模拟式及数字式两大类，目前大多数传感器及变送器是模拟式的，用计算机采集数据时必须经过模/数（A/D）转换器件将模拟量转换为数字量。

四、应变式传感器

电阻应变式传感器是利用电阻应变片将机械变形转换为电阻变化的传感器，传感器由在弹性元件上粘贴电阻应变敏感元件构成。当被测物理量作用在弹性元件上时，弹性元件的变形引起敏感元件的阻值变化，通过转换电路将其转变成电量输出，电量变化的大小反映了被测物理量的大小。应变式电阻传感器是目前测量力、力矩、压力、加速度、重量等参数最常用的传感器。

（一）工作原理

电阻应变片的工作原理是基于应变效应，即在导体产生机械变形时，它的电阻值相应发生变化。一根金属电阻丝，在其未受力时，原始电阻值为

$$R = \frac{\rho L}{S}$$

式中，ρ为电阻丝的电阻率；L为电阻丝的长度；S为电阻丝的截面积。

当电阻丝受到拉力F作用时，将伸长ΔL，横截面积相应减小ΔS，电阻率将因晶格发生变形等因素而改变ΔR，故引起电阻值相对变化量为

$$\frac{\Delta R}{R} = \frac{\Delta L}{L} - \frac{\Delta S}{S} + \frac{\Delta \rho}{\rho}$$

式中 $\Delta L/L$ 是长度相对变化量，用应变 ε 表示为

$$\varepsilon = \frac{\Delta L}{L}$$

$\Delta S/S$ 为圆形电阻丝的截面积相对变化量，即

$$\frac{\Delta S}{S} = \frac{2\Delta r}{r}$$

由材料力学可知，在弹性范围内，金属丝受拉力时，沿轴向伸长，沿径向缩短，那么轴向应变和径向应变关系可表示为

$$\frac{\Delta r}{r} = -\mu \frac{\Delta L}{L} = -\mu\varepsilon$$

式中，μ 为电阻丝材料的泊松比，负号表示应变方向相反。

根据以上公式，可得

$$\frac{\Delta R}{R} = (1+2\mu)\varepsilon + \frac{\Delta \rho}{\rho}$$

或

$$\frac{\frac{\Delta R}{R}}{\varepsilon} = (1+2\mu) + \frac{\frac{\Delta \rho}{\rho}}{\varepsilon}$$

通常把单位应变引起的电阻值变化称为电阻丝的灵敏度系数，其物理意义是单位应变所引起的电阻相对变化量，其表达式为

$$K = (1+2\mu) + \frac{\frac{\Delta \rho}{\rho}}{\varepsilon}$$

灵敏度系数受两个因素影响：一个是受力后材料几何尺寸的变化，即（$1+2\mu$）；另一个是受力后材料的电阻率发生的变化，即 $(\Delta\rho/\rho)/\varepsilon$。对金属材料电阻丝来说，灵敏度系数表达式中前者的值要比后者大得多，而半导体材料则恰恰相反。大量实验证明，在电阻丝拉伸极限内，电阻的相对变化与应变成正比，即 K 为常数。

用应变片测量应变或应力时，在外力作用下，被测对象产生微小机械变形，应变片随之发生相同的变化，同时应变片电阻值也发生相应变化。当测得应变片电阻值变化 ΔR 时，便可得到被测对象的应变值。根据应力与应变的关系，得到应力值为

$$\sigma = E\varepsilon$$

式中，σ 为试件的应力；ε 为试件的应变；E 为试件材料的弹性模量。

由此可知，应力值，正比于应变，而试件应变正比于电阻值的变化，所以应力正比于电阻值的变化，这就是利用应变片测量应变的基本原理。

（二）电阻应变片特性

1. 电阻应变片的种类

电阻应变片品种繁多，形式多样，但常用的应变片可分为两类：金属电阻应变片和半导体电阻应变片。

金属应变片由敏感栅、基片、理盖层和引线等部分组成。敏感栅是应变片的核心部分，它粘贴在绝缘的基片上，其上再粘贴起保护作用的覆盖层，两端焊接引出导线。金属电阻应变片的敏感栅有丝式、箔式和薄膜式三种。箔式应变片是利用光刻、腐蚀等工艺制成的一种很薄的金属箔栅，其厚度一般为 0.003～0.01mm。其优点是散热条件好，允许通过的电流较大，可制成各种所需的形状便于批量生产。薄膜应变片是采用真空蒸发或真空沉淀等方法在薄的绝缘基片上形成的 0.1 ϕm 以下的金属电阻薄膜的敏感栅，最后再加上保护层。它的优点是应变灵敏度系数大，允许电流密度大，工作范围广。

半导体应变片是用半导体材料而制成的，其工作原理是基于半导体材料的压阻效应，所谓压阻效应，是指半导体材料在某一轴向受外力作用时，其电阻率发生变化的现象。

半导体应变片突出优点是灵敏度高，比金属丝式高 50～80 倍，尺寸小，横向效应小，动态响应好。但它有温度系数大，应变时非线性比较严重等缺点。

2. 横向效应

当将应变片粘贴在被测试件上时，由于其敏感栅是由 n 条长度为 l_1 的直线段和 $(n-1)$ 个半径为 r 的半圆组成，若该应变片承受轴向应力而产生纵向拉应变时，则各直线段的电阻将增加。圆弧段电阻的变化将小于沿轴向安放的同样长度电阻丝电阻的变化。综上所述，将直的电阻丝绕成敏感栅后，虽然长度不变，应变状态相同，但由于应变片敏感栅的电阻变化较小，因而其灵敏系数 K 较电阻丝的灵敏系数 K_0 小，这种现象称为应变片的横向效应。

当实际使用应变片的条件与其灵敏系数 K 的标定条件下不同时，由于横向效应的影响，实际 K 值要改变，如仍按标称灵敏系数来进行计算，可能造成较大误差。当不能满足测量精度要求时，应进行必要的修正。为了减小横向效应产生的测量误差，现一般多采用箔式应变片。

（三）电阻应变片的测量电路

由于机械应变一般都很小，要把微小应变引起的微小电阻变化测量出来，同时要把电阻相对变化值转换为电压或电流的变化。因此需要有专用测量电路用于测量应变变化而引起电阻变化的测量电路，通常采用直流电桥或交流电桥。

为了减小和克服非线性误差，常采用差动电桥。在试件上安装两个工作应变片，一个受拉应变，一个受压应变，接入电桥相邻桥臂，称为半桥差动电路；若将电桥四臂接入四片应变片，即两个受拉应变，两个受压应变，将两个应变符号一同接入相对桥臂上，构成全桥差动电路。

五、电感式传感器

利用电磁感应原理将被测非电量如位移、压力、流量、振动等转换成线圈自感量 L 或互感量 M 的变化，再由测量电路转换为电压或电流的变化量输出，这种装置称为电感式传感器。

电感式传感器具有结构简单，工作可靠，测量精度高，零点稳定，输出功率较大等一系列优点，其主要缺点是灵敏度、线性度和测量范围相互制约，传感器自身频率响应低，不适用于快速动态测量。这种传感器能实现信息的远距离传输、记录、显示和控制，在工业自动控制系统中被广泛采用。

电感式传感器种类很多，这里主要介绍自感式、互感式和电涡流式三种传感器。

（一）变磁阻式传感器

1. 工作原理：变磁阻式传感器的结构由线圈、铁心和衔铁三部分组成。铁心和衔铁由导磁材料如硅钢片或坡莫合金制成，在铁心和衔铁之间有气隙，气隙厚度为 δ，传感器的运动部分和衔铁相连。当衔铁移动时，气隙厚度 δ 发生改变，引起磁路中磁阻变化，从而导致电感线圈的电感值变化，因此只要能测出这种电感量的变化，就能确定衔铁位移量的大小和方向。

设电感传感器初始气隙为 δ_0，初始电感量为 L_0，铁位移引起的气隙变化量为 $\Delta\delta$，L 与 δ 之间是非线性关系。

可见，变间隙式电感传感器的测量范围与灵敏度及线性度相矛盾，所以变隙式电感式传感器用于测量微小位移时是比较精确的。为了减小非线性误差，实际测量中广泛采用差动变隙式电感传感器。

差动变隙式电感传感器由两个相同的电感线圈和磁路组成，测量时，衔铁通过导杆与被测位移量相连，当被测体上下移动时，导杆带动衔铁也以相同的位移上下移动，使两个磁回路中磁阻发生大小相等、方向相反的变化，导致一个线圈的电感量增加，另一个线圈的电感量减小，形成差动形式，其灵敏度可以提高一倍，线性度也得了明显改善。

2. 变磁阻式传感器的应用：电感的这种变化通过电桥电路转换成电压输出。由于输出电压与被测压力之间成比例关系，所以只要用检测仪表测量出输出电压，即可得知被测压力的大小。

（二）差动变压器式传感器

把被测的非电量变化转换成为线圈互感量变化的传感器称为互感式传感器。这种传感器是根据变压器的基本原理制成的，并且两次绕组都用差动形式连接，故称差动变压器式传感器。

差动变压器结构形式较多，有变隙式、变面积式和螺线管式等，但其工作原理基本一样。非电量测量中，应用最多的是螺线管式差动变压器，它可以测量 1～100mm 范围内的机械位移，并具有测量精度高，灵敏度高，结构简单，性能可靠等优点。

差动变压器式传感器可以直接用于位移测量，也可以测量与位移有关的任何机械量，如振动、加速度、应变、张力和厚度等。

（三）电涡流式传感器

根据法拉第电磁感应原理，块状金属导体置于变化的磁场中或在磁场中作切割磁力线运动时，导体内将产生呈涡旋状的感应电流，此电流叫电涡流，以上现象称为电涡流效应。

根据电涡流效应制成的传感器称为电涡流式传感器。按照电涡流在导体内的贯穿情况，此传感器可分为高频反射式和低频透射式两类，但从基本工作原理上来说仍是相似的。

电涡流式传感器最大的特点是能对位移、厚度、表面温度、速度、应力、材料损伤等进行非接触式连续测量，另外还具有体积小，灵敏度高，频率响应宽等特点，应用极其广泛。

六、压电式传感器

压电式传感器的工作原理是基于某些介质材料的压电效应，是典型的有源传感器。当材料受力作用而且变形时，其表面会有电荷产生，从而转变成了电信号。压电式传感器具有体积小、重量轻、工作频带宽等特点，因此广泛用于各种动态力、机械冲击与振动的测量，以及组成电声器件、超声换能器件等等。日常生活中的打火机、燃气点火器也使用了压电晶体材料。

（一）压电效应

某些电介质，当沿着一定方向对其施力而使它变形时，其内部就产生极化现象，同时在它的两个表面上便产生符号相反的电荷，当外力去掉后，又重新恢复到不带电状态，这种现象称压电效应。当作用力方向改变时，电荷的极性也随之改变。人们把这种机械能转为电能的现象，称为"正压电效应"。相反，当在电介质极化方向施加电场，这些电介质也会产生变形，这种现象称为"逆压电效应"（电致伸缩效应）。具有压电效应的材料称为压电材料，压电材料能实现机—电能量的相互转换。

还应指出的是，在压电物质上施加恒定的力时，它产生的电荷很快就会消失，因为这个力不能持续做功，当然也就不会继续发生能量转换，因此压电效应只能反映变动的力即动态的力。

（二）压电材料

最早发现压电效应的物质是沿某种晶向切割的天然石英片，但其价格较贵，压电系数也小，现在实际使用的压电元件绝大多数是人工制造的压电陶瓷材料，它们的内部晶粒有许多自发极化的电畴，有一定的极化方向，从而存在电场。在无外电场作用时，电畴在晶体中杂乱分布，它们的极化效应被相互抵消，压电陶瓷内极化强度为零。因此原始的压电陶瓷呈中性，不具有压电性质。

在陶瓷上施加外电场时，电畴的极化方向发生转动，趋向于按外电场方向的排列，从而使材料得到极化。外电场愈强，就有更多的电畴更完全地转向外电场方向。让外电场强度大到使材料的极化达到饱和的程度，即所有电畴极化方向都整齐地与外电场方向一致时，外电场去掉后，电畴的极化方向基本不变，即剩余极化强度很大，这时的材料才具有压电特性。

极化处理后陶瓷材料内部仍存在有很强的剩余极化，当陶瓷材料受到外力作用时，电畴的界限发生移动，电畴发生偏转，从而引起剩余极化强度的变化，因而在垂直于极化方向的平面上将出现极化电荷的变化。这种因受力而产生的由机械效应转变为电效应，将机械能转变为电能的现象，就是压电陶瓷的正压电效应。电荷量的大小与外力成正比关系：

$$q = d_{33}F$$

式中，d_{33}为压电陶瓷的压电系数，F为作用力。

压电陶瓷的压电系数比石英晶体的大得多，所以采用压电陶瓷制作的压电式传感器的灵敏度较高。极化处理后的压电陶瓷材料的剩余极化强度和特性与温度有关，它的参数也随着时间变化，会使其压电特性减弱。

目前使用较多的压电陶瓷材料是锆钛酸铅（PZT系列），它是钛酸钡（$BaTiO_3$）和锆酸铅（$PbZrO_3$）组成的$Pb(ZrTi)O_3$。它有较高的压电系数和较高的工作温度。

（三）测量电路

由压电元件的工作原理可知，压电式传感器可以看作一个电荷发生器。同时，它也是一个电容器，晶体上聚集正负电荷的两表面相当于电容的两个极板，极板间物质等效一种介质，则其电容量为

$$C_u = \frac{\varepsilon_r \varepsilon_0 A}{d}$$

式中，A为压电片的面积；d为压电片的厚度；ε_r为压电材料的相对介电常数。

因此，压电传感器可以等效为一个与电容相关联的电压源。电容器上的电压U_a，电荷量q和电容量C_a三者关系为

$$U_a = \frac{q}{C_a}$$

此处应特别注意，压电传感器也可以等效一个电荷源。

七、光电式传感器

光电器件是将光能转换为电能的一种传感器件，它是构成光电式传感器最主要的部件。光电器件响应快，结构简单，使用方便，有相当高的可靠性，因而在自动检测、计算机和控制系统中应用非常普遍。

红外技术是在最近几十年中迅速发展起来的新兴技术之一，在科技、国防和工农业生产等许多领域获得了广泛的应用。红外传感器主要用于下列方面：

第一，红外辐射计，常用于非接触测温。

第二，热成像系统，对某个区域进行扫描，形成红外辐射的分布图像。

第三，搜索和跟踪系统，对目标进行跟踪确定其空间位置。

第四，红外测距和通信系统。

光电器件工作的物理基础是光电效应。在光线作用下，物体的电导性能改变的现象称为内光电效应，如光敏电阻等就属于这类光电器件。在光线作用下，能使电子逸出物体表面的现象称为外光电效应，如光电管、光电倍增管就属于这类光电器件。在光线作用下，能使物体产生一定方向的电动势的现象称为光生伏特效应，即阻挡层光电效应，如光电池、光敏晶体管等就属于这类光电器件。

在此主要讨论一些典型的光电器件的原理和特性。

（一）光敏电阻工作原理

光敏电阻又称光导管，它是几乎都用半导体材料制成的光电器件。光敏电阻没有极性，纯粹是一个电阻器件，使用时既可加直流电压，也可以加交流电压。无光照时，光敏电阻值（暗电阻）很大，电路中电流（暗电流）很小。当光敏电阻受到一定波长范围的光照时，它的阻值（亮电阻）急剧减小，电路中电流迅速增大。一般希望暗电阻越大越好，亮电阻越小越好，此时光敏电阻的灵敏度高。实际光敏电阻的暗电阻值一般在兆欧级，亮电阻在几千欧以下。光敏电阻是涂于玻璃底板上的一种薄层半导体物质，半导体的两端装有金属电极，金属电极与引出线端相连接，光敏电阻就通过引出线端接入电路。为了防止周围介质的影响，在半导体光敏层上覆盖了一层漆膜，漆膜的成分应使它在光敏层最敏感的波长范围内透射率最大。

（二）光敏二极管和光敏晶体管工作原理

光敏二极管的结构与一般二极管相似，它装在透明玻璃外壳中，其PN结装在管的顶部，可以直接受到光照射。光敏二极管在电路中一般是处于反向工作状态。在没有光照射时，反向电阻很大，反向电流很小，这种反向电流称为暗电流。

当光照射在PN结上时，光子打在PN结附近，使PN结附近产生光生电子和光生空穴对。它们在PN结处的内电场作用下作定向运动，形成光电流。光的照度越大，光电流越大。

因此光敏二极管在不受光照射时，处于截止状态，受光照射时，处于导通状态。

光敏晶体管与一般晶体管很相似。大多数光敏晶体管的基极无引出线，当集电极加上相对于发射极为正的电压而不接基极时，集电结就是反向偏压；当光照射在集电结上时，就会在结附近产生电子-空穴对，从而形成光电流，相当于晶体管的基极电流。由于基极电流的增加，因此集电极电流是光生电流的β倍，所以光敏晶体管有放大作用。

光敏二极管和光敏晶体管的材料几乎都是硅。在形态上，有单体型和集合型，集合型是一块基片上有两个以上光敏二极管，例如光耦合器件，就是由光敏晶体管和其他发光元件组合而成的。

（三）光耦合器件

光耦合器件是由发光元件（如发光二极管）和光电接收元件合并使用，以光作为媒介传递信号的光电器件，光耦合器中的发光元件通常是半导体的发光二极管，光电接收元件有光敏电阻、光敏二极管、光敏晶体管或光晶闸管等。根据其结构和用途不同，又可分为用于实现电隔离的光耦合器和用于检测有无物体的光电开关。

光耦合器实际上是一个电量隔离转换器，它具有抗干扰性能和单向信号传输功能，广泛应用在电路隔离、电平转换、噪声抑制、无触点开关及固态继电器等场合。

（四）红外辐射测温装置

所有自然界的物体都会向外辐射能量，能量的大小主要取决于物体的温度。那些对波长可以无选择性地吸收和发射的物体称为"黑体"。对黑体而言，辐射的光谱取决于该物体的温度，黑体在不同的热力学温度下向外发射的不同波长λ时的辐射强度$M_{\lambda 1}$的曲线互不相交，这就意味着在每一个波长、辐射强度与温度之间的对应关系是确定的，通过测定辐射强度就可以确定该物体的温度。

根据斯蒂芬-玻尔兹曼定律，物体红外辐射的能量与它自身的热力学温度T的4次方成正比，并与比辐射率ε成正比，即

$$E = \delta \varepsilon T^4$$

式中，E为某物体在温度T时，单位面积和单位时间的红外辐射总能量；δ是斯蒂芬-玻尔兹曼常数；ε是比辐射率，即物体表面辐射本领与黑体辐射本领之比值，黑体的$\varepsilon=1$；T是物体的绝对温度。

黑体辐射特性曲线下面的面积表示总辐射能量，随着温度上升总辐射能量迅速增加，辐射峰值波长也向短波方向移动，按照维恩位移定律峰值波长计算。

红外辐射测温仪的种类很多，分类方法也有多种，目前市场供应的测温仪覆盖范围达-40℃～3 000℃，但不同的测温仪实际测量范围是有限制的，通常把900℃以上的测温仪称为高温测温仪；500℃～900℃为中温测温仪；500℃以下的为低温测温仪。不同

温度段的仪表选用与之相适应的工作波长,通常高温段选用 1～2.2μm；中温段选用 3～5μm；低温段选用 8～14μm 或 7～18μm。按其使用方向大致有下列四种类型：

1. 便携式辐射测温仪：这是一种集测温和显示输出为一体的小型、轻便、可随身携带进行检测的仪器,在显示面板上显示出测量结果非常方便,这种仪器主要用于巡视检查各种设备的温度情况,发现异常可以及时做出处理,应用十分广泛。

2. 在线式辐射测温仪：这种仪器通常固定安装在生产线上进行关键部位的温度连续监测,为自动控制提供依据。在线式辐射测温仪输出方式很多；可以是 4～20 mA 电流输出,也可以是电压输出,有的可以直接接热电偶分度输出,取代热电偶而不必更换二次仪表；有的采用数字量输出,经 RS232 或 RS485 与计算机控制网络连接,通过软件程序进行分析与控制。

在线式辐射仪由于安装在条件比较复杂的生产环境中,为了保证仪器能正常工作,需要选用适当的附件如传感头、水冷套、空气吹扫器以及各种安装支架、瞄准器等。

3. 扫描式红外测温仪：这也是固定安装的在线式辐射测温仪,用来监测在输送过程中的温度变化情况,测量时传感器对运动目标扫描 90°,在两个极限位置之间测量多达 256 点温度数据,因而可以进行图像分析,在玻璃、塑料、冶金、水泥、造纸、纺织等工业部门进行产品质量监控。

4. 红外成像测温仪：红外成像测温仪集测温与成像功能为一体,具有高性能智能化的特点,当仪器现场对准目标时,在监视器上显示目标区域的热分析图,管理人员可以在目标上对某些点或面进行重点测温。

思考题

1. 列举常用的低压电器。
2. 接触器选用时应注意哪些问题？
3. 列举常用的电气元件。
4. 简述传感器的组成和分类。

第四章 电气控制系统中常见的电气控制电路及工具分析

任务导入：

电气控制电路可按不同方法进行分类。如按电路的工作原理分为基本控制电路和典型设备控制电路，按控制功能分为主电路和控制电路，按控制规律分为连锁控制电路和变化参量控制电路等。此外，尚可按照逻辑关系、组成结构等方法进行分类。

学习大纲：

1. 学习电气控制系统中常见的电气控制电路及工具。
2. 掌握对机床液压系统的电气控制电路分析。
3. 了解其他常用基本控制电路分析。

第一节 电气控制系统中常见的电气控制电路及工具简析

一、按控制功能分类

（一）主电路

主电路是从电源向用电设备供电的路径，一般由组合开关、主熔断器、接触器的主触点、热继电器的热元件及电动机等组成，结构比较简单，电气元件数量较少，但主电路通过的电流较大。

（二）辅助电路

辅助电路一般包括控制电路、信号电路、照明电路及保护电路等。辅助电路由继电器和接触器的线圈、继电器的触点、接触器的辅助触点、主令电器的触点、信号灯和照明灯等电器元件组成。控制电路比主电路要复杂些，电气元件较多，常由多个基本控制电路组成。控制电路通过的电流都较小，一般不超过5A。

二、按控制规律分类

连锁控制的规律和控制过程中变化参量控制的规律是组成电器控制电路的基本规律。

据此电气控制电路也可按控制规律分为连锁控制电路和变化参量控制电路。

（一）连锁控制电路

凡是生产线上某些环节或一台设备的某些部件之间具有互相制约或互相配合的控制，均称为连锁控制，实现连锁控制的基本方法是采用反映某一运动的连锁触点控制另一运动的相应电气元件，从而达到连锁工作的要求。连锁控制的关键是正确选择连锁触点。一般而言，选择连锁触点遵循的原则为：要求甲接触器动作时，乙接触器不能动作，则需将甲接触器的常闭辅助触点串在乙接触器的线圈电路中；要求甲接触器动作后乙接触器方能动作，则需将甲接触器的常开辅助触头串在乙接触器的线圈电路中；要求乙接触器线圈先断电释放后方能使甲接触器线圈断电释放，则要将乙接触器常开辅助触点并联在甲接触器的线圈电路中的停止按钮上。常见的连锁控制电路有启动停止控制（自锁）电路、正反转控制电路、顺序控制电路等。

（二）变化参量控制电路

任何一个生产过程的进行，总伴随着一系列的参数变化，如机械位移、温度、流量、压力、电流、电压和转矩等。原则上说，只要能检测出这些物理量，便可用它来对生产过程进行自动控制。对电气控制来说，只要选定某些能反映生产过程中的参数变化的电气元件，例如，各种继电器和行程开关等，由它们来控制接触器或其他执行元件，实现电路的转换或机械动作，就能对生产过程进行控制，此即按控制过程中变化参量进行控制。常见的有按时间变化、转速变化、电流变化和位置变化参量进行控制的电路，分别称为时间、速度、电流和行程原则的自动控制。这些控制电路一般要使用具有相应功能的电气元件才能实现，如按时间变化进行控制一般要使用时间继电器，按电流变化进行控制要使用电流继电器等。

第二节 对机床液压系统的电气控制电路分析

一、机床中常用的液压元件

（一）液压泵和液压马达

液压泵是一种能量转换装置，它把电动机的机械能转换为油液的液压能，供给液压系统。机床液压系统中使用的液压泵均为容积泵。液压泵的作用是把机械能转换成油液的压力能，是液压系统的动力装置，一般由电动机驱动。液压马达的作用是把油液的压力能转换成机械能，就液压系统而言，液压马达是一个执行元件。容积式液压泵和液压马达在原理上是互逆的，大部分的液压泵可作为液压马达使用，反之亦然。但在结构细节上两者有一定差异。

（二）液压阀

液压阀是用来控制或调节液压系统中油液的方向、压力和流量，以满足机床工作性能要求的控制装置。液压阀的类型很多，根据其控制作用可分为方向控制阀、压力控制阀和流量控制阀，此外还有所谓的组合阀，它实际上是将某些阀组合起来制成的结构紧凑的独立单元，一般按它所完成的功用来命名，如电磁换向阀、单向行程调速阀等。

方向控制阀是用来控制液压系统中油液流动方向的阀，主要有普通单向阀、换向阀等，用于改变执行机构运动的方向。

压力控制阀是用来控制液压系统中压力的阀，主要有溢流阀、安全阀、顺序阀、减压阀和背压阀等，用于改变执行机构的力或转矩。

流量控制阀是用来控制液压系统中油液流量的阀，主要有节流阀、调速阀等，用于改变执行机构的运动速度。

普通单向阀的作用是使油液只能沿一个方向流动，而不允许反方向流动。图 4-1 所示为普通单向阀的结构。压力油液从阀体左端通口流入时，它可以方便地克服弹簧 3 作用在阀芯上的力，而使阀芯向右移动打开阀口，从阀体右端通口流出。但是当压力油液从阀体右端流入时，油液压力和弹簧 3 一起使阀芯压紧在阀孔上，使阀口关闭，油液就无法通过。

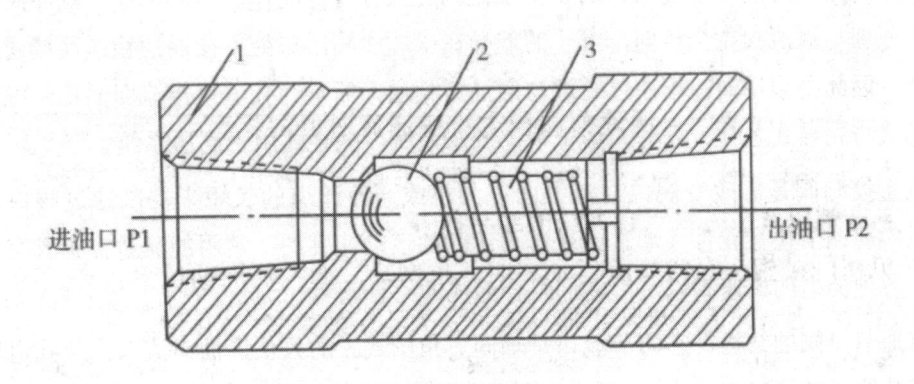

图 4-1 普通单向阀的结构
（a）单向阀结构

换向阀种类很多，常用的主要是滑阀。滑阀式换向阀的结构主体是阀体和阀芯，阀体上开了许多通口，阀芯通过移动可以停止在不同的工作位置上，从而接通或关断相应油路。根据阀体上的开口数目和阀芯移动位置的数量，分为二位二通、二位三通、二位四通、三位四通、三位五通阀等。三位四通电磁换向阀由复位弹簧，阀芯，推杆构成。当电磁铁断电时，两边的弹簧使阀芯处于中间位置。当右边电磁铁通电时，阀芯通过推杆将阀芯推向左端，这时进油口和油口相通，油口和回油口相通。当左边电磁铁通电时，阀芯被推向右端，这时油口和进油口、油口与回油口分别相通，实现油路的换向，由于受到电磁力较小的限制，电磁换向阀的流量一般在 63L/min 以下；流量大时，一般采用液动控制或电液控制。液动换向阀是靠压力油液改变阀芯位置的，电液动换向阀是由电磁换向阀和液动阀组合而成。

压力控制阀是利用阀芯上液压作用力和弹簧力保持平衡来进行工作的，平衡状态的任何破坏都会使阀芯位置产生变化，其结果不是改变阀口的开度大小（如溢流阀、减压阀），就是改变阀口的状态（如安全阀、顺序阀）。溢流阀是液压系统中最常见的元件，主要功能是保持系统压力基本恒定，防止系统过载，造成背压，使系统卸荷等。溢流阀有直动式和先导式两种，直动式用于低压液压系统，先导式用于高压液压系统。

直动式溢流阀的结构由阀体、阀芯、上盖、弹簧和螺帽等零部件组成，油口分别为溢流阀的进油口和回油口。当压力油液从油口经油腔、径向孔、阻尼孔进入油腔，阀芯的底面受到油液的压力作用。由于阀芯顶上作用有弹簧力，因此阀芯的工作位置由这两个力的大小来决定。当油口处压力不足以使作用在阀芯底面上的力超过弹簧力时，阀芯处于最低位置，油口不相通，回油口无油液流出，当油口处压力升高，作用在阀芯底面上的力超过弹簧力时，阀芯上升，阀口处于某一开度，油腔相通，油液从回油口排出。这时压力油液作用在阀芯上的力就与此开度下作用在阀芯上的弹簧力保持平衡，油口处压力也基本稳定在某一数值上，此即直动式溢流阀控制压力的原理。转动调整螺帽可以调整弹簧的作用力大小，从而调整了油口的油液压力。

顺序阀是利用液压系统压力的变化来控制各执行元件动作的先后顺序。顺序阀的结构和工作原理与溢液阀完全相同，唯一的差异在于顺序阀出口处不接通油箱，而接通某个执行元件。因此必须使油腔不通过孔道与回油口相通，而是经孔道直接流回油箱。顺序阀也有直动式与先导式之分，直动式用于中、低压系统，先导式用于高压系统。

流量控制阀是靠改变阀口通流截面积大小或通流通道的长短来控制通过阀口油液流量，以实现调节执行元件（油缸或液压马达）的运动速度的。常用的流量控制阀有普通节流阀、各种类型的调速阀以及由它们组合而成的组合阀等。

普通节流阀的结构，它的节流口是轴向三角槽式。油只从进油口流入，经孔道和阀芯左端三角槽式节流口进入孔道，再从出油口流出。阀芯在弹簧的作用下始终贴紧在推杆上。

普通调速阀的结构是一个由减压阀和节流阀串联而成的组合阀。在高压油液压力下，从右侧进油口流入，经减压阀的缝隙进入油腔，将压力减小，再经节流阀上的节流缝隙进入油腔，将压力再次减小，最后从出油口流出去。油腔通过孔道和阻尼孔与油腔相连，出油口通过孔道与油腔相连，因此阀芯是在弹簧力、液压作用力、上下端油液压力的作用下处在某个平衡位置上。无论是出口处压力变化，还是进口处压力变化，减压阀阀芯都会因其上、下端油液压力的变化而自动调整位置，从而维持压力差基本恒定。

(三) 压力继电器

压力继电器以液压系统的压力变化作为输入信号使继电器动作。压力继电器一般用在液压、气压和水压系统中的保护。

压力继电器主要由微动开关、调节螺母、压缩弹簧、顶杆、橡皮薄膜和缓冲器等组成。压力继电器装在油路（水路或气路）的分支路中，当压力超过整定值时，通过缓冲器、橡皮薄膜抬起顶杆，使微动开关动作；若管路中压力等于或低于整定值，顶杆脱离微动开关使触点复位。压力继电器调节方便，只需放松或拧紧调整螺母即可改变控制压力。压力继电器的文字符号为BPS。

二、液压动力部件控制电路

组合机床上最主要的通用部件是动力头和动力滑台，它们是完成刀具切削运动和进给运动的部件。通常将能同时完成切削运动和进给运动的动力部件称之为动力头，而将只能完成进给运动的动力部件称之为动力滑台。动力滑台按结构分为机械动力滑台和液压动力滑台。机械动力滑台和液压动力滑台都是完成进给运动的动力部件，两者区别仅在于进给的驱动方式不同。动力滑台与动力头相比较，前者配置成组合机床更为灵活。在动力头上只安装多轴箱，而滑台还可安装各种切削头，组成卧式、立式组合机床及其自动线，以完成钻、扩、铰、镗、刮端面、倒角、铣削和攻螺纹等加工工序，安装分级进给装置后，也可用来钻深孔。

（一）动力滑台的液压系统与工作循环

动力滑台的常见工作循环如下：

1. 一次工作进给：快进→工进→延时停留→快退，可用于钻孔、扩孔、镗孔和加工盲孔、刮端面等。

2. 二次工作进给：快进→一次工进→二次工进延时停留→快退，可用于镗孔完后又要车削或刮端面等。

3. 跳跃进给：快进→一次工进→快进→二次工进→延时停留→快退，可采用跳跃进给自动工作循环，例如，镗削两层壁上的同心孔。

4. 双向工作进给：快进→正向工进→反向工进→快退，例如，用于正向工进粗加工，反向工进精加工。

5. 分级进给：快进→工进→快退→快进→工进→快退→快进→工进→快退，主要用于钻深孔。

（二）液压动力滑台控制电路

液压动力滑台与机械滑台的区别在于，液压动力滑台进给运动的动力是压力油，而机械滑台的动力来自电动机。液压动力滑台由滑台、滑座、油缸及挡铁等部分组成，由油缸拖动滑台在滑座上移动。液压滑台具有典型的自动工作循环，它通过电气控制电路控制液压系统来实现。液压滑台的工进速度由调速阀来调节，可实现无级调速。电气控制电路一般采用行程、时间原则及压力控制方式。

具有一次工作进给的液压动力滑台的工作过程如下所述：

1. 滑台原位停止：因滑台由油缸驱动，当电磁铁均为断电状态时，油缸内压力油不流动，滑台原位停止，并压下行程开关，使其动合触点闭合，动断触点断开。

2. 滑台快进：按下按钮，继电器通电并自锁，电磁铁通电，使电液动换向阀（三位五通）处于左位，压力油使液动换向阀也处于左位，压力油经电液换向阀及行程阀流入滑台油缸左腔，使缸体左移，油缸右腔排出的油经电液换向阀及单向阀也进入油缸左腔，使滑台实现快进。此时，动合触点断开，动断触点闭合。

3. 滑台工进：当挡铁压下行程阀时，压力油经调速阀进入液压缸左腔，此时流入油缸左腔的油液较少，滑台由快进转为工进，多余的压力油经背压阀流回油箱。通过调节调速阀的流量可调节滑台的工进速度。

4. 死挡铁停留：当液压滑台工进到被死挡铁挡住的位置时，液压缸左腔油压开始升高。油压升高到压力继电器 BPS 的动作值时，所经过的时间就是滑台的延时停留时间。

5. 滑台快退：当压力继电器 BPS 动作时，BPS 的动合触点闭合，电磁铁和继电器线圈通电，电磁铁和继电器断电，并由触点实现自锁，使电液换向阀处于右位，油缸右腔进油，滑台快速向后退回，退回原位后压下，其动断触点断开，断电。电液换向阀回到中间位置，液压滑台原位停止。当滑台不在原位时，若需要快退，可按下按钮 SB2，此时，滑台快退。退至原位时，压下 SQ1，滑台停在原位。

如果要求停留的时间可调，则用行程开关和时间继电器取代压力继电器即可。若滑台工进到终点后，不需要延时停留，即工作循环改为快进→工进→快退，在死挡铁处加装行程开关，去掉 BPS 即可。

第三节　其他常用基本控制电路分析

一、点动控制

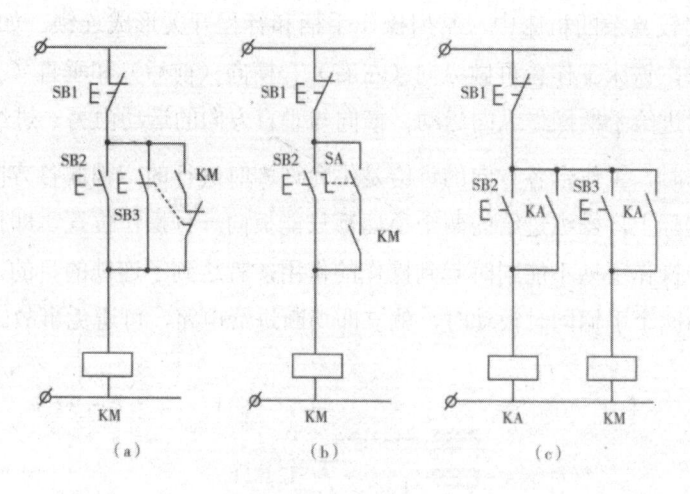

图 4-2　点动与长动控制电路

在实际工作中，经常要求控制电路既能长动控制又能点动控制。所谓长动，即电动机连续不断地工作。所谓点动，即按按钮时电动机转动工作，放开按钮时，电动机停止工作。点动常用于生产设备的调整，如机床的刀架、横梁、立柱的快移，机床的调整对刀等。

图 4-2（a）所示为用开关实现点动与长动的控制电路。当按下按钮 SB3 时，其动断触点断开，防止自锁；其动合触点闭合，KM 线圈得电，电动机 M 启动运转。当松开 SB3，其动合触点先断开，动断触点后闭合，这样确保 KM 线圈失电，电动机 M 停转，因此，SB3 为点动控制按钮。当按下 SB2 时，为长动运行。图 4-2（b）所示为用复合按钮实现点动与长动切换的控制电路，图 4-2（c）所示为用中间继电器实现点动与长动切换的控制电路。点动控制和连续控制的区别是控制电路能否自锁。

二、连锁与互锁

（一）连锁

在机械设备中，为了保证操作正确、安全可靠，有时需要按一定的顺序对多台电动机进行启停操作。例如，铣床上要求的主轴旋转后，工作台方可移动；某些机床主轴必须在液压泵启动后才能启动等。像这种要求一台电动机启动后另一台才能启动的控制方式，称为电动机的连锁控制（或顺序控制）。

（二）互锁

互锁实际上是一种连锁关系，之所以这样称呼，是为了强调触点之间的互锁作用。例如，常常有这种要求，两台电动机 M1 和 M2 只能有一台工作，不允许同时工作。KM1 动作后，它的动断触点将 KM2 接触器的线圈断开，这样就抑制了 KM2 再动作；反之也一样。此时，KM1 和 KM2 的两对动断触点常称作"互锁"触点。这种互锁关系在前述的电动机正反转电路中，可保证正反向接触器 KM1 和 KM2 的主触头不能同时闭合，以防止电源短路。

在操作比较复杂的机床中，常用操作手柄和行程开关形成连锁。如 X62W 铣床进给运动的连锁关系，铁床工作台可做纵向（左右）、横向（前后）和垂直（上下）方向的进给运动。由纵向进给手柄操作纵向运动，横向与垂直方向的运动由另一进给手柄操纵。

铣床工作时，工作台各方向的进给是不允许同时进行的，因此各方向的进给运动必须互相连锁。实际上，操纵进给的两个手柄都只能扳向一种操作位置，即接通一种进给，因此只要使两个操作手柄不能同时起到操作的作用，就达到了连锁的目的。通常采取的电气连锁方案是当两个手柄同时扳动时，就立即切断进给电路，可避免事故。

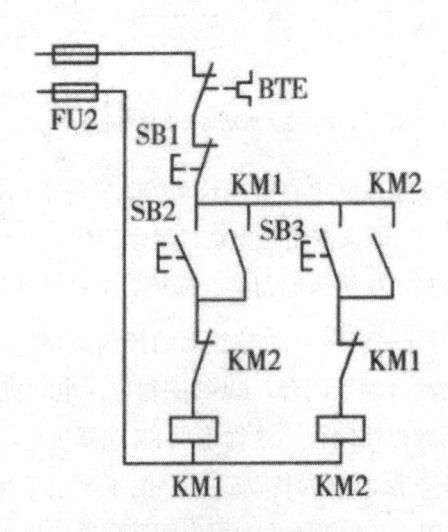

图 4-3 两台电动机互锁控制电路

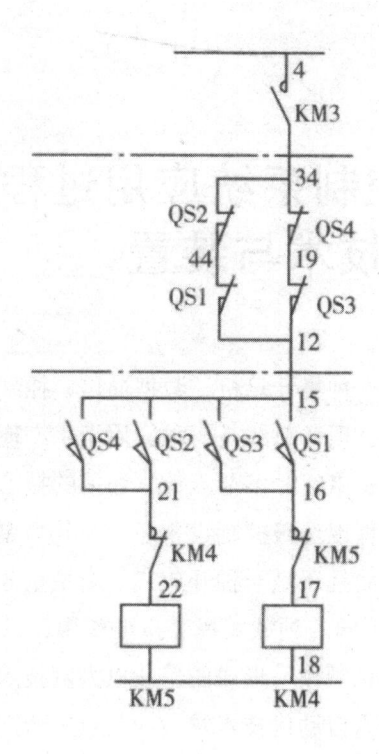

图 4-4　X62W 铣床进给运动控制电路

图 4-4 是进给运动的连锁控制电路。图中 KM4、KM5 是进给电动机正反转接触器。假设纵向进给手柄已经扳动，则 QS1 或 QS2 已被压下，此时虽然将下面一条支路（34→44→12）切断，但由于上面一条支路（34→19→12）仍接通，故 KM4 或 KM5 仍能得电。如果再扳动横向垂直进给手柄而使 QS3 或 QS4 也动作时，上面一条支路（34→19→12）也将被切断，因此接触器 KM4 或 KM5 将失电，使进给运动自动停止。

KM3 是主轴电动机接触器，只有 KM3 得电主轴启动后，KM3 动合触点（4→34）闭合才能接通进给回路。主电动机停止，KM3 动合触点（4→34）打开，进给也自动停止。这种连锁可防止意外事故。

思考题

1. 按控制功能分类电气控制电路有哪些？
2. 按控制规律分类电气控制电路有哪些？
3. 液压传动系统一般由哪四部分组成？
4. 简述动力滑台的液压系统与工作循环。

第五章 电气控制系统应用过程中涉及的技术与装置

任务导入：

现场总线与工业以太网技术是一种集计算机、数据通信、控制、集成电路及智能传感等技术于一身的新兴控制网络技术。现场总线是一种应用于生产现场，在现场设备之间、现场设备与控制装置之间实行双向、串行、多节点数字通信的技术。现场总线作为工业数据通信网络的基础，沟通了生产过程现场级控制设备之间及其与更高控制管理层之间的联系，但它不仅仅是一个基层网络，而且还是一种开放式、新型全分布式的控制系统。目前流行的现场总线已达40多种，在不同的领域发挥着重要作用。以太网技术也正在从传统的办公自动化逐渐发展到工业自动化领域，形成的工业以太网技术正在飞速发展。总之，现场总线与工业以太网技术，已成为自动化技术发展的热点之一，并引起自动化系统结构及设备的深刻变革，基于现场总线与工业以太网技术的控制系统必将逐步取代传统的独立控制系统、集中采集控制系统等，成为21世纪自动控制系统的主流。

学习大纲：

1. 学习工业控制网络。
2. 掌握现场总线技术。
3. 了解现场总线控制系统。
4. 学习工业以太网在电气控制系统中的应用。

第一节 工业控制网络

一、工业控制网络

工业控制网络作为一种特殊的网络，直接面向生产过程的测量和控制，肩负着工业生产运行一线测量与控制信息传输的特殊任务，因而具有一些特殊的要求，如较强的实时性、高可靠性与安全性、工业生产现场恶劣环境的适应性、总线供电与本质安全等。另外，开放性、分散化和低成本也是工业控制网络应具备的重要特征。

相比一般的电信、计算机信息网络，工业控制网络具有以下特点：

第一，控制网络中数据传输的及时性和系统响应的实时性是控制系统最基本的要求；在信息网络的大部分工作中，实时性是可以忽略的。

第二，控制网络应具有在高温、潮湿、振动、腐蚀、电磁干扰等恶劣的工业环境中长时间、连续、可靠、完整地传送数据的能力，在可燃和易爆场合，还应具有本质安全性能。

第三，工业控制网络的通信方式多使用广播或组播方式；而信息网络多采用点对点的通信方式。

第四，工业控制网络传输的信息多为短帧信息，长度较小且信息交换频繁，在正常工作状态下周期性信息（如过程测进、控制、监控信息等）较多，非周期性信息（如突发事件报警）较少；而信息网络恰恰与此相反。

第五，工业控制网络的信息流具有明确的方向性，如测量信息由变送器到控制器，控制信息由控制器到执行器，过程监控与突发信息由现场仪表传向操作站等；而信息网络的信息流向不具有明显的方向性。

第六，工业控制网络必须解决多家公司产品和系统在同一网络中相互兼容，即互操作性的问题。

二、工业控制网络对控制系统体系结构的影响

工业控制网络的出现使控制系统的体系结构发生了根本性变化。把基本控制功能下放到现场具有智能的芯片或功能块中，不同现场设备中的功能块可以构成完整的控制回路，使控制功能彻底分散，直接面向对象，把具有控制、测量与通信功能的功能块与功能块应用进程作为网络节点，采用开放的控制网络协议进行互联，形成底层控制网络。整个自动化系统形成了在功能上管理集中、控制分散，在结构上横向分散、纵向分级的体系结构。控制系统体系结构大致经历了以下几个发展阶段。

（一）模拟仪表控制系统

模拟仪表控制系统于20世纪六七十年代占主导地位。其显著缺点是：模拟信号精度低，易受干扰。

（二）集中式数字控制系统

集中式数字控制系统于20世纪七八十年代占主导地位。采用单片机、PLC或微机作为控制器，控制器内部传输的是数字信号，因此克服了模拟仪表控制系统中模拟信号精度低的缺陷，提高了系统的抗干扰能力。集中式数字控制系统的优点是易于根据全局情况进行控制计算和判断，在控制方式、控制时机的选择上可以统一调度和安排；不足的是，对控制器本身要求很高，必须具有足够的处理能力和极高的可靠性，当系统任务增加时，控制器的效率和可靠性将急剧下降。

(三)集散控制系统(DCS)

集散控制系统(Distributed Control System,DCS)在 20 世纪八九十年代占主导地位。核心思想是集中管理、分散控制,即管理与控制相分离,上位机用于集中监视管理功能,若干台下位机分散到现场实现分布式控制,各上下位机之间用控制网络互连以实现相互之间的信息传递。因此,这种分布式的控制系统的体系结构有力地克服了集中式数字控制系统中对控制器处理能力和可靠性要求高的缺陷。在集散控制系统中,分布式控制思想的实现正是得益于网络技术的发展和应用,遗憾的是,不同的 DCS 厂家为达到垄断经营的目的而对其控制通信网络采用各自专用的封闭形式,不同厂家的 DCS 系统之间以及 DCS 与上层 Intranet,Internet 信息网络之间难以实现网络互联和信息共享,因此集散控制系统从该角度而言实质是一种封闭专用的、不具可互操作性的分布式控制系统。在这种情况下,用户对网络控制系统提出了开放化和降低成本的迫切要求。

(四)现场总线控制系统(FCS)

现场总线控制系统(Fieldbus Control System,FCS)正是顺应以上潮流而诞生,它用"现场总线"这一开放的,具有可互操作性的网络将现场各控制器及仪表设备互连,构成现场总线控制系统,同时控制功能彻底下放到现场,降低了安装成本和维护费用。FCS 实质是一种开放的、具可互操作性的、彻底分散的分布式控制系统。在现场总线技术快速发展的过程中,以太网技术也从办公自动化向工业自动化领域拓展,形成的工业以太网技术在迅速发展。

纵观控制系统体系结构的发展,不难发现,每一代新的控制系统推出都是针对老一代控制系统存在的缺陷而给出的解决方案,最终在用户需求和市场竞争两大外因的推动下占领市场的主导地位,以现场总线和工业以太网技术为代表的工业控制网络技术的不断发展彻底改变了工业控制系统体系结构,必将成为 21 世纪控制系统的主流产品。

三、工业控制网络技术基础

(一)通信系统的构成

什么是通信?简单地说,不同的系统经由线路相互交换数据,就是通信。通信的主要目的是将数据从一端传送到另一端,达到数据交换的目的。例如,从人与人之间的对话、计算机与设备之间的数据交换到计算机与计算机间的数据传送,乃至于广播或卫星都是通信的一种。一个完整的通信系统一般包括信息源、信息接受者、发送设备、接受设备和传输介质几部分。

信息源和信息接收者是信息的产生者和使用者,信息源输出分为模拟信号和数字信号两种,在数字通信系统中传输的是数字化后的信息,这些信息可能是原始数据,也可能是计算机处理后的数据,甚至是某些指令等。发送设备的基本功能是将信息源和传输介质匹配起来，即将信息源产生的信号通过编码变换成易于传送的信号形式，送往传输介质。有时为了达到某些特殊要求而进行各种处理，如保密处理、纠错编码处理等。传输介质是指发送设备到接收设备之间信号传递所经的媒介，包括有线的和无线的，有线传输介质有同轴电缆、双绞线和光缆等；无线传输介质有电磁波、红外线等。信号在介质中传输时必然会引入某些干扰，如热噪声、脉冲干扰、衰减等。接收设备的基本功能是完成发送设备的反变换，即进行解调译码解密等，其任务的关键是从带有干扰的信号中正确恢复出原始信息来。

在工业控制网络中，发送设备与接收设备往往都与数据源紧密连接为一个整体。许多测量控制装置既是发送设备又是接收设备。在工业控制网络系统中典型的发送与接收设备有：①各种变送器、传感器、执行机构；②各种数据采集与控制装置，如 DCS、FCS；③智能仪表，如无纸记录仪、显示仪表、多功能控制仪；④可编程逻辑控制器 PLC；⑤变频器、视觉识别系统、伺服驱动器、机器人；⑥作为监控操作设备的监控计算机、数据服务器或工作站；⑦网络连接设备，如中继器、网桥、网关等。

（二）数据的通信方式

根据通信的不同特点，**数据通信方式**的分类有多种，如分成并行通信和串行通信；同步通信和异步通信；单工、半双工和全双工通信。

1. 并行通信和串行通信

（1）并行通信：并行通信是指一条信息的各位数据被同时传送的通信方式，以字节、字或双字为单位并行传输，每一个数据位都要单独占用一根数据线。并行通信的速度快，适用于近距离的数据通信，例如：计算机或 PLC 各种内部总线就是以并行方式传送数据的，另外，在 PLC 底板上，各种模块之间通过底板总线交换数据也以并行方式进行。但在长距离的数据通信中，并行传输所需要的通信电缆费用将大量增加，成本很高，此时一般采用串行通信。

（2）串行通信：串行通信是指组成一条信息的各位数据被逐位按顺序传送的通信方式，串行通信时数据是一位一位顺序传送，只用很少几根通信线，比较便宜，成本低，传送的距离可以很长，但串行传送的速度要慢一些，并且要注意传输中的同步问题，使得收发双方在时间基准上保持一致。

在工业生产中，串行通信因其成本低、传输距离远而得到广泛的应用。常用的通用串行通信接口有 RS-232、RS-485 等。RS-232、RS-485 等是由美国电子工业协会 EIA（Electronic Industry Association）正式公布的，是异步串行通信中应用最广泛的标准总线，它规定连接电缆和机械、电气特性、信号功能及传送过程。计算机上一般都有 1～2 个标准 RS-232 串口，即通道 COM_1 和 COM_2。近距离的传输可以采用 RS-232 接口，当需要几百米上千米的远距离传输时则采用 RS-485 接口（两线差分平衡传输），如果要求通信双方均可主动发送数据，必须采用 RS-422（四线差分平衡传输），RS-232 通过转换器可以变成 RS-485，当需要多个 RS-485 接口时，可以在 PC 上插入基于 PCI 总线的专用板卡（如 PCI1612 板卡）。

2. 异步通信和同步通信

在串行通信中，同步是十分重要的，当发送器通过传输介质向接收器传输数据信息时，每次发出一个字符（或一个数据帧）的数据信号，要求接收器必须能识别出该字符（或该帧）数据信号的开始和结束，以便在适当的时刻正确地读取该字符（或该帧）数据信号的每一位信息。下面介绍两种基本串行通信方式。

（1）异步通信：在异步通信方式中，数据以字符为单位依次传输，两个字符之间可以有间隔，间隔时间是任意的。

发送方发送一个字符数据时，先发送一个起始位（逻辑 0，低电平），之后以相同的速率发送字符的各个位及奇偶校验位，接收方以同样的速率接收，最后用个停止位（逻辑 1，高电平）作为一个字符传送结束的标志。一般而言，数据位有 5、6、7 或 8 位，停止位有 1、1.5 或 2 位，是否有奇偶校验位可根据实际需要而定。前后两个字符的间隔时间是任意的，此时处于空闲状态，线上的状态是高电平，可以理解成停止位的延续，之后，接收方收到一个低电平信号表示一个新的字符传送过程的开始。可见，在一个字符的传送过程中，收发双方基本保持同步，所谓异步只是指两个字符之间的间隔的不确定性。在异步通信中，双方的同步并不是基于同一个时钟，会有一定的差异，位数越多，差异越明显，但是，每次只传送一个字符，接收方每次都利用起始位进行同步关系的校正，也就是说收发双方在每一个字符上都是同步的，不会造成误差的积累。异步通信对时钟的要求不高，设备简单容易实现。

（2）同步通信：同步通信把许多字符组成一个信息组，或称为信息帧，其传输单位是帧，每帧含有多个字符，字符之间没有间隙，字符前后也没有起始位和停止位。同步通信中的同步包括位同步和帧同步两个层次。位同步是指在传送数据流的过程中，收发对每一个数据位都要准确地保持同步，可以在发送端与接收端之间设置专门的时钟线，这叫外同步，比如 I^2C 总线采用的就是外同步；还可以在数据传输中嵌入同步时钟，如曼彻斯特编码，这叫内同步。帧同步是在每个帧的开始和结束都附加标志序列，接收端通过检查这些标志实现与发送端帧级别上的同步。在数据传输量较大时，同步通信的效率高于异步通信。

串行通信的速度一般用波特率来表示，波特率是指串行通信时每秒钟传输数据的位数，其单位为波特（Baud）。注意：串行通信双方的波特率、数据传输格式必须事先约定一致。

3. 单工、半双工及全双工通信

根据通信双方的分工和信号传输方向，串行通信有单工、半双工及全双工三种方式。

（1）单工方式：参与通信的双方分工明确，在任意时刻，只能由发送器向接收器的单一固定方向上传送数据。例如，收音机作为接收器只能收听由电台发送的信息。

（2）半双工方式：通信双方设备中的每一个既是发送器，也是接收器，两台设备可以相互传送数据，但某一时刻则只能向一个方向传送数据。例如，步话机是半双工设备，因为在一个时刻只能有一方说话。

（3）全双工方式：通信双方设备既是发送器，也是接收器，两台设备可以同时在两个方向上传送数据。例如，电话是全双工设备，因为双方可同时说话。

（三）网络拓扑结构

所谓拓扑，是一种研究与大小、形状无关的线和面特性的方法，由数学上图论演变而来。在网络中，把计算机等网络单元抽象为点，把网络中的通信媒体（如电缆）抽象为线，从而抽象出网络的拓扑结构，即用网络拓扑结构来描述组成计算机网络的各个节点所构成的物理布局。常见的网络拓扑结构有总线型、星形、环形及树形等结构。

1. 星形结构：星形结构中，每个节点均以一条单独信道与中心节点相连。任何两个节点间要通信必须通过中心节点转接，中心节点是控制中心。星形结构的优点是建网容易、控制简单。它的缺点是网络共享能力差，网络可靠性低，如果一旦中心节点出现故障，则全网瘫痪。

2. 树形结构：树形结构网络是天然的分级结构。其特点是网络成本低，结构比较简单。在网络中，任意两个节点之间不产生回路，每个链路都支持双向传输，并且，网络中节点扩充方便、灵活，寻查链路路径比较简单。非常适合于分主次、分等级的层次型管理系统。

3. 环形结构：网络中各节点通过一条首尾相连的通信链路连接起来的一个闭合环形结构网，数据在环上单向流动。由于各节点共享环路，因此需要采取措施（如令牌控制）来协调控制各节点的发送。环形结构的优点是无信道选择问题，缺点是不便于扩充，系统响应延时大。

4. 总线型结构：总线型结构是最普遍使用的一种网络拓扑结构，它是将各个节点和一根总线相连。总线型结构的优点是结构简单、灵活、可扩充性好、可靠性高、资源共享能力强。但由于同环形结构一样采用共享通道，因此需处理多站争用总线的问题。以太网就是采用这种网络拓扑结构。

（四）差错控制技术

信号在传输过程中，会因为各种干扰造成信号的失真，造成通信的接收端所收二进制数和发送端实际发送的不一致，由"1"变为"0"，或由"0"变为"1"，这就是差错。

差错控制是指在数据通信过程中，发现差错、并对差错进行纠正，从而把差错限制在数据传输所允许的尽可能小的范围内。

最常用的差错控制方法是差错控制编码。数据信息位在向信道发送之前，先按照某种关系附加上一定的冗余位，构成一个码字后再发送，这个过程称为差错控制编码过程。接收端收到该码字后，检查信息位和附加的冗余位之间的关系，以检查传输过程中是否有差错发生，这个过程称为检验过程。差错控制编码可分为检错码和纠错码。

1. 检错码：检错码是指能自动发现差错的编码。

2. 纠错码：纠错码是指不仅能发现差错而且能自动纠正差错的编码。

奇偶校验码是通过增加冗余位来使得码字中"1"的个数保持奇或偶数的编码方法，是一种检错码。海明码是由美国国家工程院院士 Richard Hamming 首次提出的，它是一种可以纠正一位差错的编码，而且编码效率要比正反码高。一般说来纠错码的编码效率比检错码的编码效率低，因而在通信网络中用得更多的还是检错码。奇偶校验码作为一种检错码虽然简单，但是漏检率较高，在计算机网络和数据通信中用得最广泛的检错码是一种漏检率低得多也便于实现的循环冗余码。

（五）ISO/OSI 参考模型

为了促进计算机网络的发展，实现计算机网络构件（包括硬件和软件）的标准化和网络的互连互通，国际标准化组织（ISO）在 1984 年正式公布了开放系统互联（Open System Interconnection, OSI）基本参考模型，即 ISO/OSI，"开放"这个词表示能使任何两个遵守参考模型和有关标准的系统进行互连。OSI 模型将计算机网络划分为 7 个层次，每层完成一个明确定义的功能集合，并按协议相互通信。每层向上层提供所需要的服务，同时为了完成本层协议也要使用下层提供的服务。

在发送方从上到下逐层传递的过程中，每层都要加上适当的控制信息，统称为报头。到最底层成为由"0"或"1"组成的数据比特流，然后再转换为电信号在物理媒体上传输至接收方。接收方在向上传递时过程正好相反，要逐层剥去发送方相应层加上的控制信息。

因接收方的某一层不会收到底下各层的控制信息，而高层的控制信息对于它来说又只是透明的数据，所以它只阅读和去除本层的控制信息，并进行相应的协议操作。发送方和接收方的对等实体看到的信息是相同的，就好像这些信息通过虚通信直接给了对方一样。

1. 物理层：定义了为建立、维护和拆除物理链路所需的机械的、电气的、功能的和规程的特性，其作用是使原始的数据比特流能在物理媒体上传输。具体涉及接插件的规格、"0""1"信号的电平表示、收发双方的协调等内容。

2. 数据链路层：比特流被组织成数据链路协议数据单元（通常称为帧），并以其为单位进行传输，帧中包含地址、控制、数据及校验码等信息。数据链路层的主要作用是通过校验、确认和反馈重发等手段，将不可靠的物理链路改造成对网络层来说无差错的数据链路。数据链路层还要协调收发双方的数据传输速率,即进行流量控制,以防止接收方因来不及处理发送方发来的高速数据而导致缓冲器溢出及线路阻塞。

3. 网络层:数据以网络协议数据单元(分组)为单位进行传输。网络层关心的是通信子网的运行控制,主要解决如何使数据分组跨越通信子网从源传送到目的地的问题,这就要在通信子网中进行路由选择。另外,为避免通信子网中出现过多的分组而造成网络阻塞,需要对流入的分组数量进行控制。当分组要跨越多个通信子网才能到达目的地时,还要解决网际互联的问题。

4. 传输层:传输层是第一个端到端,也即主机到主机的层次。传输层提供的端到端的透明数据传输服务,使高层用户不必关心通信子网的存在,由此用统一的传输原语书写的高层软件便可运行于任何通信子网上。传输层还要处理端到端的差错控制和流量控制问题。

5. 会话层:会话层是进程到进程的层次,其主要功能是组织和同步不同的主机上各种进程间的通信(也称为对话)。会话层负责在两个会话层实体之间进行对话连接的建立和拆除。在半双工情况下,会话层提供一种数据权标来控制某一方何时有权发送数据。会话层还提供在数据流中插入同步点的机制,使得数据传输因网络故障而中断后,可以不必从头开始而仅重传最近一个同步点以后的数据。

6. 表示层:表示层为上层用户提供共同的数据或信息的语法表示变换。为了让采用不同编码方法的计算机在通信中能相互理解数据的内容,可以采用抽象的标准方法来定义数据结构,并采用标准的编码表示形式。表示层管理这些抽象的数据结构,并将计算机内部的表示形式转换成网络通信中采用的标准表示形式。数据压缩和加密也是表示层可提供的表示变换功能。

7. 应用层:应用层是开放系统互连环境的最高层。不同的应用层为特定类型的网络应用提供访问 OSI 环境的手段。网络环境下不同主机间的文件传送访问和管理(FTAM)、传送标准电子邮件的文电处理系统(MHS)、使不同类型的终端和主机通过网络交互访问的虚拟终端(VT)协议等都属于应用层的范畴。

第二节 现场总线技术

一、现场总线的定义

现场总线是一种应用于生产现场,在现场设备之间、现场设备与控制装置之间实行双向、串行、多节点数字通信的技术。或者说,现场总线是应用在生产现场、连接智能现场设备和自动化测量控制系统的数字式、双向传输、多分支结构的网络系统与控制系统,它以单个分散的数字化、智能化的测量和控制设备作为网络节点，用总线连接，实现相互交换信息，共同完成自动控制任务。

现场总线不仅是一种通信协议，也不仅是用数字信号传输的仪表代替模拟信号（DC 4~20mA）传输的仪表，关键是用新一代的现场总控制系统 FCS 代替传统的集散控制系统 DCS，实现现场通信网络与控制系统的集成。其本质含义体现在以下 6 个方面：

第一，全数字化通信：和半数字化的 DCS 不同，现场总线系统是一个纯数字系统。现场总线是用于过程自动化和制造自动化的现场设备或现场仪表互连的现场数字通信网络，利用数字信号代替模拟信号，其传输抗干扰性强，测量精度度高，大大提高了系统的性能。

第二，现场设备互连：现场设备或现场仪表是指传感器、变送器和执行器等，这些设备通过一对传输线互连。传输线可以使用双绞线、同轴电缆和光纤等。

第三，互操作性：互操作性的含义来自不同制造厂的现场设备，不仅可以互相通信，而且可以统一组态，构成所需的控制回路，共同实现控制策略。

第四，分散功能块：FCS 取消了 DCS 的输入/输出单元和控制站，把 DCS 控制站的功能块分散地分配给现场仪表，实现了彻底的分散控制。

第五，通信线供电：现场总线的常用传输介质是双绞线，通信线供电方式允许现场仪表直接从通信线上摄取能量。

第六，开放式互联网络：现场总线为开放式互联网络，既可与同类网络互联，也可与不同网络互联，还可以实现网络数据库共享。

二、现场总线控制系统体系结构

现场总线技术将专用微处理器置入传统的测量控制仪表，使它们各自都具有了一定的数字计算和数字通信能力，成为能独立承担某些控制、通信任务的网络节点。它们分别通过普通的双绞线、同轴电缆、光纤等多种途径进行信息传输，这样就形成了以多个测量控制仪表、计算机等作为节点连接成的网络系统。该网络系统按照公开、规范的通信协议，在位于生产现场的多个微机化自控设备之间，以及现场仪表与用作线、管理的远程计算机之间，实现数据传输与信息共享，进一步构成了各种适应实际需要的自动控制系统。简而言之，现场总线控制系统把单个分散的测量控制设备变成网络节点，并以现场总线为纽带，把它们连接成可以互相沟通信息，并和其他计算机共同完成自控任务的网络系统与控制系统。

现场总线控制系统的体系结构为：最底层的 Intranet 控制网即 FCS，各控制器节点下放分散到现场，构成一种彻底的分布式控制体系结构，网络拓扑结构任意，可为总线型、星形、环形等，通讯介质不受限制，可用双绞线、电力线、无线、红外线等各种形式。FCS 形成的 Intranet 控制网很容易与 Intranet 企业内部网和 Internet 全球信息网互连，构成一个完整的企业网络三级体系结构。

三、现场总线的技术特点

第一，系统的开放性：开放系统是指通信协议公开，各不同厂家的设备之间可进行互连并实现信息交换，现场总线开发者就是要致力于建立统一的工厂底层网络的开放系统。这里的开放是指对相关标准的一致、公开性，强调对标准的共识与遵从。一个开放系统，它可以与任何遵守相同标准的其他设备或系统相连。一个具有总线功能的现场总线网络系统必须是开放的，开放系统把系统集成的权利交给了用户。用户可按自己的需要和对象把来自不同供应商的产品组成大小随意的系统。

第二，互可操作性与互用性：这里的互可操作性，是指实现互联设备间、系统间的信息传送与沟通，可实行点对点，一点对多点的数字通信。而互用性则意味着不同生产厂家的性能类似的设备可进行互换而实现互用。

第三，现场设备的智能化与功能自治性：它将传感测量、补偿计算、工程量处理与控制等功能分散到现场设备中完成，仅靠现场设备即可完成自动控制的基本功能，并可随时诊断设备的运行状态。

第四，系统结构的高度分散性：由于现场设备本身已可完成自动控制的基本功能，使得现场总线已构成一种新的全分布式控制系统的体系结构。从根本上改变了现有DCS集中与分散相结合的集散控制系统体系，简化了系统结构，提高了可靠性。

第五，对现场环境的适应性：工作在现场设备前端，作为工厂网络底层的现场总线，是专为在现场环境工作而设计的，它可支持双绞线、同轴电缆、光缆、射频、红外线、电力线等，具有较强的抗干扰能力，能采用两线制实现送电与通信，并可满足本质安全防爆要求等。

第三节 现场总线控制系统

一、现场总线系统的优点

现场总线系统结构的简化，使控制系统的设计、安装、投运到正常生产运行及检修维护，都体现出优越性。

（一）节省硬件数量与投资

由于现场总线系统中分散在设备前端的智能设备能直接执行多种传感、控制、报警和计算功能，因而可减少变送器的数量，不再需要单独的控制器、计算单元等，也不再需要DCS系统的信号调理、转换、隔离技术等功能单元极其复杂接线，还可以用工控PC作为操作站，从而节省了一大笔硬件投资，由于控制设备的减少，还可减少控制室的占地面积。

（二）节省安装费用

现场总线系统的接线十分简单，由于一对双绞线或一条电缆上通常可挂接多个设备，因而电缆、端子、槽盒、桥架的用量大大减少，连线设计与接头校对的工作量也大大减少。当需要增加现场控制设备时，无须增设新的电缆，可就近连接在原有的电缆上，既节省了投资，也减少了设计、安装的工作量。据有关典型试验工程的测算资料，可节约安装费用60%以上。

（三）节省维护开销

由于现场控制设备具有自诊断与简单故障处理的能力，并通过数字通讯将相关的诊断维护信息送往控制室，用户可以查询所有设备的运行，诊断维护信息，以便早期分析故障原因并快速排除。缩短了维护停工时间，同时由于系统结构简化，连线简单而减少了维护工作量。

（四）用户具有高度的系统集成主动权

用户可以自由选择不同厂商所提供的设备来集成系统。避免因选择了某一品牌的产品被"框死"了设备的选择范围，不会为系统集成中不兼容的协议、接口而一筹莫展，使系统集成过程中的主动权完全掌握在用户手中。

（五）提高了系统的准确性与可靠性

由于现场总线设备的智能化、数字化，与模拟信号相比，它从根本上提高了测量与控制的准确度，减少了传送误差。同时，由于系统的结构简化，设备与连线减少，现场仪表内部功能加强，减少了信号的往返传输，提高了系统的工作可靠性。此外，由于它的设备标准化和功能模块化，因而还具有设计简单，易于重构等优点。

二、现场总线控制系统采取的实时性措施

（一）简化 OSI 协议，提高实时响应能力

现场总线控制系统的通信协议一般为物理层、链路层、应用层，再增加一个用户层作为网络节点，互联成底层总线网，如 Profibus 总线的 4 层结构。

（二）控制功能彻底分散，直接面向对象，接口直观简洁

把基本控制功能下放到现场具有智能的芯片或功能块中，同时具有测量、变送、控制与通信功能的功能块，作为网络节点，互联成底层总线网。

如 Profibus 总线系统，按照主站、从站分，把底层的通信及控制集中到从站来完成。各公司厂商提供较齐全的各类主站与从站系列芯片，实现起来简单又便宜。又如 LonWorks，虽然通信协议与 OSI 相同为 7 层，但全部固化在一个神经元芯片中，不需要经

网络传输，同样可加快实时响应能力。网络变量存储于神经元芯片 ROM 中，由节点代码编译时确定，同类型的网络变量连接起来进行自控，大大简化了开发和安装分布系统的过程。

（三）介质访问协议

大部分现场总线控制系统均为令牌传递总线访问方式，既可达到通信快速的目的，又可以有较高的性价比。只有 LonWorks 采用改进型的，即带预测 P 的 CS-MA 访问方式，相比传统的多路访问冲突检测 CSMA 方法，减少了网络碰撞率，提高了负载时的效率，并采用了紧急优先机制，以提高它的实时性与可靠性。

（四）通信方式

一般分调度通信和非调度通信。调度通信用于设备间周期性传输，控制的数据预先设定；非调度通信用于参数设定、设备诊断报警处理。以其功能分，有主站和从站。从站仅在收到信息时确认或当主站发出请求时向它发信息，所以只需总线协议一小部分，既经济，实时性也强。

三、现场总线控制系统主要设备

现场总线将现场变送器、控制器、执行器以及其他设备以节点设备形式连接起来，便组成现场总线控制系统，其基本设备有如下几类：

（一）检测、支送器

常用现场总线变送器有温度、压力、流量、物位和成分分析等变送器，具有检测、变换、零点与增益校正和非线性补偿等功能，同时还常嵌有 PID 控制和各种运算功能。现场总线变送器是一种智能变送器，具有模拟量（DC 4～20mA）和数字量输出以及符合总线要求的通信协议。

（二）执行器

常用现场总线执行器有电动和气动两大类，除具有驱动和执行两种基本功能外，还内含有调节阀输出特性补偿、嵌有 PID 控制和运算功能以及对阀门的特性进行自检和自诊断等。

（三）服务器和网桥

例如利用 FF 现场总线组成控制系统，必须在服务器下连接 H1 和 H2 总线系统，而网桥用于 H1 和 H2 之间的连通。

（四）辅助设备

为使现场总线系统正常工作，还必须有各种转换器、总线电源、安全栅和便携式编程器等辅助设备。

(五) 监控设备

除供工程师对各种现场总线控制系统进行硬件和软件组态的设备和供操作人员对生产工艺进行操作的设备外，还必须有用于工程建模、控制和优化调度的计算机工作站等。

所有上述设备与常规仪表控制系统不同，它必须是数字化、智能化仪表，具有支持现场总线系统的接口和符合现场总线控制系统通信协议的运行程序。

必须指出，在现场总线控制系统中分散到变送器和执行器中的 PID 控制，通过硬件组态同样可以方便地组成诸如串级、比值和前馈-反馈控制等多回路控制系统。当然，若控制系统需要采用更复杂的 PID 控制规律或者采用非 PID 控制规律时，例如自适应控制、推理控制和 Smith 预估控制等，嵌入式 PID 单元是难以胜任的，通常这些由位于现场总线网络上的监控计算机完成。

此外，传统仪表的显示、记录、打印等功能在现场总线控制系统中均由相应的软件由网络上的监控计算机来完成。只有在特殊要求的情况下，现场总线显示仪表、记录仪表和打印仪表才被使用。

四、现场总线控制系统的结构

(一) 现场总线控制系统的一般结构

利用现场总线将网络上的监控计算机和现场总线单元设备连接起来便组成了现场总线控制系统，虽然由于采用不同的现场总线，其结构形式略有差异，但该结构形式仍不失为一般性结构。

现场总线控制系统将传统仪表单元微机化，并用现场网络方式代替了点对点的传统连接方式，从根本上改变了过程控制系统的结构和关联方式。对于不同的现场总线标准，其相应的现场总线控制系统也有一定的差别，下面来看两个例子。

(二) 基于 FF 现场总线组成的典型现场总线控制系统

基于 FF 总线的 FCS 结构可把现场总线仪表分为两类：一类是通信数据较多，通信速率要求高和要求实时性强的现场总线仪表直接连接在 H2 总线系统上；而其他要求数据通信速率较慢、实时性要求不高的现场总线仪表，则全部连接在 H1 总线上。由于每一条总线只能连接 32 台现场总线仪表，因而多条 H1 总线可通过网桥连接到 H2 总线上，以提高通信速率，保证整个系统的实时性要求和控制需要。多条 H1 和 H2 总线通过服务器和局域网 (LAN) 与监控计算机或操作站进行数据通信。

（三）基于 LonWorks 现场总线组成的典型现场总线控制系统

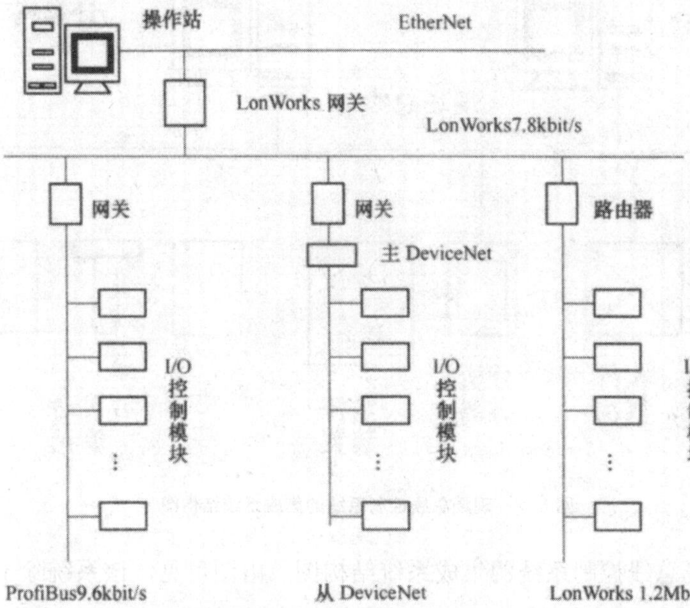

图 5-1　基于 LonWorks 的典型 FCS 系统结构

图 5-1 为基于 LonWorks 的典型 FCS 系统结构。由于 LonWorks 总线的网络功能较强，能支持多种现场总线系统和底层总线系统，因此由其组成的现场总线系统结构较为复杂，功能较为全面。凡是符合 LonWorks 总线系统自身规范的现场总线仪表，均可通过路由器连接到 LonWorks 总线网络上。而其他现场总线，例如 ProfiBus、DeviceNet 等，则可通过网关连接到 LonWorks 总线网络上。由于不同现场总线系统的通信速率各异，故由此组成的控制系统实际上是一个混合网络系统。在该混合系统中，多种网络共存于一体，而在每一网段的通信速率是不同的。

五、现场总线控制系统的集成与扩展

现场总线控制系统（FCS）是通过网络将现场总线传感器、变送器、调节器和执行器等利用现场总线连接而成。对于传统的设备，例如 DCS、PLC、通用的模拟单元和数字单元等，将这些传统设备经网络化处理后，用现场总线系统连接起来，实现一定控制功能系统，成为现场总线控制系统的集成。

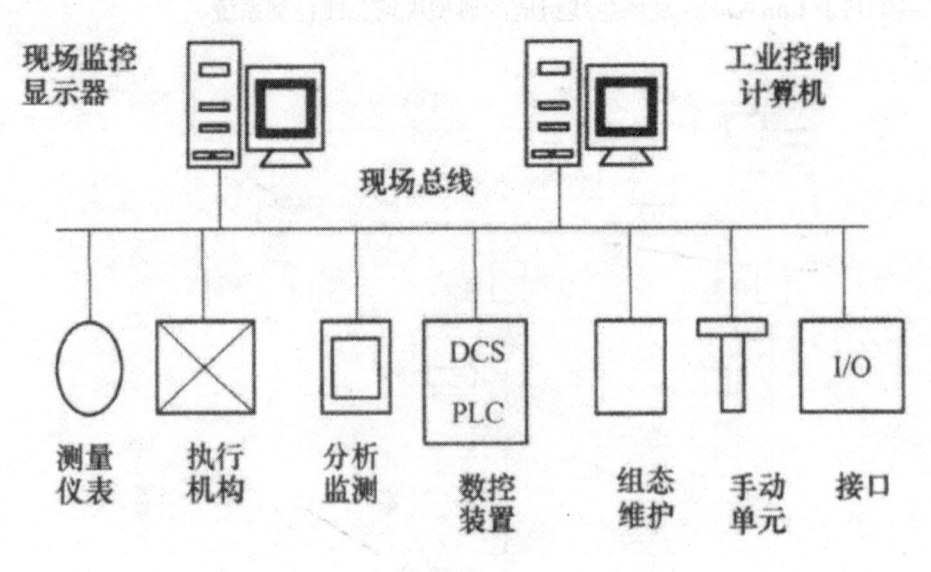

图 5-2 现场总线控制系统的集成系统结构图

图 5-2 为现场总线控制系统的集成系统结构图。由图可见，该系统除了将现有的 DCS 和 PLC 等控制装备以及检测、变送、控制、计算、执行和显示等现场总线仪表集成到系统中外，还将 I/O 接口、测量仪表、执行机构和监控显示器等传统仪表集成到系统中。此外，为了实时监视系统的运行状态和分析故障，还集成了分析检测、组态维护、数控装置和手动操作等专用或特殊设备。

随着现代生产过程规模的不断扩大，现场总线控制系统的规模也不断增大，控制任务也在扩展，除了完成常规的过程控制任务外，还需进行企业生产管理的自动化和协调化，实现企业综合自动化。因此，现场总线控制系统与上层管理控制系统有机地结合起来实现系统的扩展是必然的。

图 5-3 为基于 FCS 的现代控制管理结构图。由图可见，底层单元组合仪表或数字仪表、变送器、执行器、分析监测、DCS 系统和组态 PC 等与中层开放式标准化生产管理系统通过现场总线系统将所有信息集成和管理起来；而中层则通过局域网（LAN）将上层全开放式面向用户服务的一体化信息管理系统连接起来，以实现更高层次的信息共享。同时还可根据需要连接到 Internet 和广域网上。

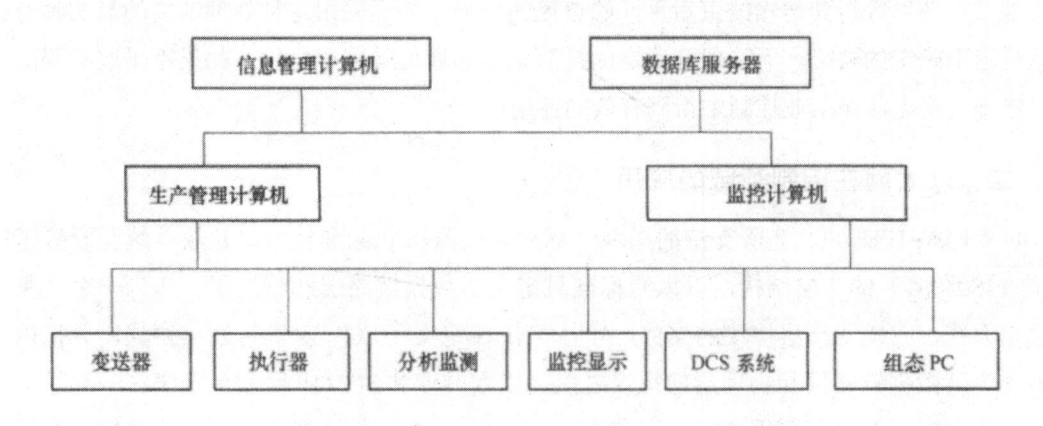

图 5-3 基于 FCS 的现代控制管理系统结构图

第四节　工业以太网在电气控制系统中的应用

一、工业以太网概述

随着计算机、通信、网络等信息技术的飞速发展，需要建立包含从工业现场设备层到控制层、管理层等各个层次的综合自动化网络平台，建立以工业控制网络技术为基础的企业信息化系统。

以太网技术以价格低廉、稳定可靠、通信速率高、软硬件产品丰富、应用广泛以及支持技术成熟等优点而得到较快的发展，其应用也由办公自动化和商业领域进入工业控制领域。工业控制网络如果采用以太网，就可以避免其游离于计算机网络技术的发展主流之外，从而使工业控制网络与信息网络技术相互促进，共同发展，并保证技术上的可持续发展，因此在工业控制领域，多家厂商纷纷推出自己的产品，工业以太网已成为工业控制网络的重要发展方向。

所谓工业以太网，是指其在技术上与商用以太网（IEEE 802.3 标准）兼容，但材质的选用、产品的强度和适用性方面应能满足工业现场的需要，即在环境适应性、可靠性、安全性和安装使用方面满足工业现场的需要。与专门为工业控制而开发的现场总线相比，工业以太网技术的优点表现在应用广泛，为所有的编程语言所支持；软硬件资源丰富；易于与 Internet 连接，实现办公自动化网络与工业控制网络的无缝连接；可持续发展的空间大等。尽管存在许多优点，采用以太网技术也必然会存在这样那样的一些问题。

以太网由于采用 CSMA/CD 介质访问控制机制，即多个节点都连接在一条总线上，所有的节点都不断向总线上发出监听信号，但在同一时刻只能有一个节点在总线上进行传输，而其他节点必须等待其传输结束后再开始自己的传输，显然采用这种处理冲突的算法具有排队延迟不确定的缺陷，无法保证确定的排队延迟和通信响应确定性，如果不采取必要的改进措施，将无法在工业控制中得到有效的使用。

二、以太网在控制领域的应用

以太网是 IEEE 802.3 所支持的局域网标准。按照国际标准化组织开放系统互联参考模型（ISO/OSI）的 7 层结构，以太网标准只定义了数据链路层和物理层。作为一个完整的通信系统，它需要高层协议的支持，APPARENT 在定义了 TCP/IP 高层通信协议，并把以太网作为其数据链路层和物理层的协议之后，以太网便和 TCP/IP 紧密地捆绑在一起了。以后，由于国际互联网采用了以太网和 TCP/IP 协议，人们甚至把诸如超文本链接等协议组放在一起，俗称为以太网技术；TCP/IP 的简单实用已为广大用户所接受。目前不仅在办公自动化领域，而且在各个企业的管理网络、监控层网络也都广泛使用以太网技术，并开始向现场设备层网络延伸。目前以太网在控制领域的应用主要包括以下三个方面：

（一）与其他控制网络结合的以太网

以太网在向现场级深入发展的过程中，一种重要思路是尽可能和其他形式的控制网络相融合。另外以太网和 TCP/IP 协议开始并不是面向控制领域的，在体系结构、协议规则、物理介质、数据、软件、适用环境等诸多方面与成熟的自动化解决方案（如 PLC、DCS、FCS）相比有一定差异，要想做到完全意义上的融合是很困难的。因此，以太网与其他控制形式保留各自优点、互为补充，是目前以太网进入控制领域的最常见的应用方案。

（二）专用的工业以太控制网络

采用了和普通以太网不同的一些专有技术，用以太网的结构实现现场总线所具备的控制功能。如前所述真正意义上的工业以太网应该能很好地解决通信的确定性和实时性问题，提高对工业生产现场环境的适应能力，要求能在较宽温度范围内长期工作、封装牢固（抗震和防冲击）、导轨安装、电源冗余、DC24V 供电等，另外，还必须满足可靠性、安全性方面的需要。

（三）嵌入式以太控制网络

嵌入式 Internet 是当前网络应用的热点，就是通过 Internet，使所有连接网络的设备彼此互通互联：从计算机、通信设备到仪器仪表、家用电器等。这些设备一般通过局域网和 Internet 相连。在以太网占局域网统治地位的今天，一种嵌入式、支持 TCP/IP 的网络控制器将成为这些设备进入局域网乃至因特网的基础。但这种由普通以太网构成的局域网在应用层上不能满足实时通信、复杂的工程模型组态以及设备间的高可互操作性，也不能满足工业现场某些方面的特殊要求，如本质安全、恶劣环境、可靠性等。它主要是使通用以太网能接纳带串行通信口的现场设备，达到数据采集和监控的目的。

三、工业以太网的关键技术

以太网过去被认为是一种"非确定性"的网络，作为信息技术的基础，是为 IT 领域应用而开发的，在工业控制领域只能得到有限应用，主要是因为：以太网的介质访问控制层协议采用带碰撞检测的载波侦听多址访问方式，当网络负荷较重时，网络的确定性不能满足工业控制的实时性要求；以太网所用的接插件、集线器、交换机和电缆等是为办公室应用而设计的，不符合工业现场恶劣环境要求；在工厂环境中，以太网抗干扰性能较差，若用于危险场合，以太网不具备本质安全性能；以太网不能通过信号线向现场设备供电。

随着互联网技术的发展与普及推广、以太网传输速率的提高和以太网交换技术的发展，上述影响工业以太网发展及应用的关键问题正在逐渐得到解决。

（一）通信的确定性和实时性

工业控制网络必须满足对实时性的要求，即信号传输要速度快，确定性好。Ethernet 过去一直被认为是为 IT 领域开发的，使用了带有冲突检测的载波侦听多路访问协议（CSMA/CD）以及二进制指数退避算法的非确定性网络系统。对于响应时间要求严格的控制过程，使用以太网技术可能由于冲突的产生造成响应时间不确定和信息不能按要求正常传递，这正是阻碍以太网应用于工业现场设备层的原因所在。

随着快速以太网与交换式以太网的发展，为解决以太网的非确定性问题带来了新的契机。首先，Ethernet 的通信速率一再提高，从 10Mbit/s、100Mbit/s 增大到如今的 1000Mbit/s、10Gbit/s，在数据吞吐量相同的情况下，通信速率的提高意味着网络负荷的减轻，网络碰撞概率大大下降，提高了网络的确定性。其次，采用星形网络拓扑结构，交换机将网络划分为若干个网段。交换机之间通过主干网络进行连接，交换机可对网络上传输的数据进行过滤，使每个网段内节点间的数据传输只在本地网段内进行，而不需经过主干网，从而本地数据传输不占其他网段的带宽，降低了所有网段和主干网的网络负荷。最后，采用全双工通信方式。在一个用 5 类双绞线（光缆）连接的全双工交换式以太网中，其中一对线用来发送数据，另一对线用来接收数据，这样交换式全双工以太网消除了冲突的可能，使 Ethernet 通信确定性和实时性大大提高。

同时，广大工控专家通过研究发现，通信负荷小于 10% 时，以太网几乎不发生碰撞，或者说，因碰撞而引起的传输延迟几乎可以忽略不计。另一方面，在工业控制网络中，传输的信息多为周期性测量和控制数据，报文小，信息量少，信息流向也具有明显的方向性，即由变送器传向控制器；由控制器传向执行机构。在拥有 6000 个 I/O 的典型工业控制系统中，通信负荷为 10Mbit/s 的以太网占 5% 左右，即使有操作员信息传送（如设定值的改变，用户应用程序的下载等），其负荷也完全可以保持在 10% 以下。因此，通过适当的系统设计和流量制技术，以太网完全能用于工业控制网络，事实也正如此。

（二）工业以太网的可靠性和安全性

传统的 Ethernet 是为办公自动化的领域应用而设计，并没有考虑工业现场环境的需要（如冗余电源供电、高温、低温、防尘等），故商用网络产品不能应用在有较高可靠性要求的恶劣工业现场环境中。

随着网络技术的发展，上述问题正迅速得到解决。为了解决网络在工业应用领域和极端条件下稳定工作的问题，美国 Synergetic 微系统公司和德国 Hirschmann, Phoenix Contact、letter AG 等公司专门开发和生产了导轨式集线器、交换机产品并安装在标准 DIN 导轨上，并配有冗余供电，接插件采用牢固的 DB-9 结构，而在 IEEE 802.3af 标准中，对 Ethernet 的总线供电规范也进行了定义。此外，在实际应用中，主干网可采用光纤传输，现场设备的连接则可采用屏蔽双绞线，对重要的网段还可采用冗余网络技术，以提高网络的抗干扰能力和可靠性。

在工业生产过程中，很多现场不可避免地存在易燃、易爆或有毒的气体，应用于这些场合的设备都必须采用一定的防爆措施来保证工业现场的安全生产。现场设备的防爆技术包括两类，即隔爆型（如增安、气密、浇封等）和本质安全型。与隔爆技术相比较，本质安全技术采取抑制点火源能量作为防爆手段，其关键技术为低功耗技术和本安防爆技术。由于目前以太网收发器本身的功耗都比较大，一般都在 60～70mA（5V 工作电源），低功耗的以太网现场设备难以设计，因此，在目前技术条件下，对以太网系统可采用隔爆防爆的措施，确保现场设备本身的故障产生的点火能量不外泄，保证运行的安全性。

另外，工业以太网实现了与 Internet 的无缝集成，实现了工厂信息的垂直集成，但同时也带来了一系列的网络安全问题，包括病毒、黑客的非法入侵与非法操作等网络安全威胁问题，对此，一般可采用网关或防火墙等方法，将内部控制网络与外部信息网络系统相隔离，另外，还可以通过权限控制、数据加密等多种安全机制来加强网络的安全管理。

（三）总线供电问题

总线供电（或称总线馈电）是指连接到现场设备的线缆不仅传输数据信号，还能给现场设备提供工作电源。对于现场设备供电可以采取以下方法：

1. 在目前以太网标准的基础上适当地修改物理层的技术规范，将以太网的信号调制到一个直流或低频交流电源上，在现场设备端再将这两路信号分离开来。

2. 不改变目前物理层的结构，而通过连接电缆中的空闲线缆为现场设备提供电源。

四、几种工业以太网及系统结构

鉴于工业以太网的快速发展和关键问题的突破，工业自动化领域控制级以上的通信网络正在逐步统一到工业以太网，并正在向下逐渐延伸。目前，典型的工业以太网主要有以下 4 个：Modbus-IDA（Modbus protocol on TCP/IP）工业以太网、Ethernet/IP（the

ControlNet/DeviceNet Objects on TCP/IP）工业以太网、Foundation Fieldbus HSE（High Speed Ethernet）工业以太网和 ProfiNet（Profibus on Ethernet）工业以太网，下面分别介绍。

（一）Modbus-IDA 工业以太网

IDA（Interface for Distributed Automation）组织是由德国 Phoenix Contact 公司和法国 Schneider 电气公司等多家公司于 2000 年 3 月联合成立的，该组织提出一套基于 Ethernet、TCP/IP 的用于分布式自动化的接口标准，利用这个接口标准，可以建立基于 Ethernet 和 Web 的分布式智能控制系统。IDA 组织开发的工业以太网的主要定义有：协议、方法和用于节点间实时和管理通信的对象结构；为了实现不同生产商工具和设备间的对象交换，将使用基于 XML 的对象描述和交换机制；通过定义一个安全层，将大大增强网络的安全性；为了同步设备的时钟，定义了高精度同步的方法；定义了设备描述、IP 寻址和设备映象等方法，简化设备的安装和替换，实现真正意义上的即插即用。

Modbus 协议原为美国 Modicon 公司于 20 世纪 70 年代所发表的用于 PLC 产品的通信协议。由于其功能比较完善，很容易实现，适用于不少工业用户所需要的通信类别，所以被许多系统供应商采纳，得到很广泛的应用，已成为事实上的工业通信标准。早期的 Modbus 协议似乎建立在 TIA/EIA 标准 RS-232F 和 RS-485A 串行链路的基础上，近年来，随着 Modbus 协议不断发展，已经将 Webserver、Ethernet 和 TCP/IP 等技术引入应用协议，于是，在 2002 年 5 月以法国 Schneider 公司为首的 MODBUS 组织（Modbus Organization）发表了 Modbus TCP/IP 规范，它建立在 IETF 标准 RFC793 和 RFC791 基础上。

Modbus TCP/IP 基本上用简单方式将 Modbus 帧嵌入 TCP 帧，这是一种面向连接的传送，它们需要响应。使用 UDP 不需要响应，其差错检验通常在应用层完成。上述相应技术很适用于 Modbus 的主站/从站特性，交换式 Ethernet 为用户提供确定性特性。在 TCP 帧中使用开放的 Modbus 可提供一种系统规模可伸缩的方案，由 10 个网络节点到 100 个网络节点，无须采用多目的传送技术。

从上面的叙述可以看出，Modbus 组织和 IDA 集团都致力于建立基于 Ethernet TCP/IP 和 Web 互联网技术的分布式智能自动化系统，因此，合并后 ModbusIDA 工业以太网将会更加完善。该系统是总线型分级分布式系统结构，当然以太网也可以采用环形拓扑结构。管理级采用以太网 TCP/IP 标准，它由目前流行的商用以太网集线器、交换机和收发器等构成，可完成用户各种管理功能；控制级包括 PLC、IPC、分布式 I/O、人机界面、电机速度控制器和网关等，采用 ModbusTCP/IP 协议，完成各种控制功能；现场级可采用基于 Modbus 协议或 Ethernet 协议的各类设备和 I/O 装备；嵌入式 Web 服务是系统核心技术之一，使用标准的 Internet 浏览器就可以读取设备的各类信息、修改设备的配置和查看历史故障记录。同时，集成式 Web 服务器可完成系统设备的诊断功能。

Modbus-IDA 通信协议模型建立在面向对象的基础上，这些对象可以通过 API 应用程序接口被应用层调用。通信协议同时提供实时服务和非实时服务。非实时通信基于 TCP/IP 协议，充分采用 IT 成熟技术，如基于网页的诊断和配置（HTTP）、文件传输（FTP）、网络管理（SNMP）、地址管理（BOOTP/DHCP）和邮件通知（SMTP）等；实时通信服务建立在 RTPS（实时发布者/预订者模式）和 Modbus 协议之上。RTPS 协议及其应用程序接口（API）由一个对各种设备都一致的中间件来实现，它采用美国 RTI 公司的 NDDS3.0 实时通信系统，并构建在 UDP 协议上；Modbus 协议构建在 TCP 协议上。

（二）Ethernet/IP 工业以太网

以太网协议是一种开放的工业网络标准，它支持显性和隐性报文，并且使用目前流行的商用以太网芯片和物理媒体。Ethernet/IP 网络使用有源星形拓扑结构，一组装置点对点地连接到交换机。星形拓扑的优点是支持 10Mbit/s 和 100Mbit/s 的产品，可以将 10Mbit/s 和 100Mbit/s 产品混合使用。星形拓扑接线简便，很容易查找故障，维护也简单。

Ethernet/IP 是一种开放协议，它使用现有的成熟技术：IEEE802.3 物理和数据链路协议；Ethernet TCP/IP 协议组；控制和信息协议（CIP），它提供实时的 I/O 报文和信息，以及对等层通信报文。

Ethernet/IP 成功之处在于 TCP/UDP/IP 之上附加 CIP，提供一个公共的应用层，CIP 的控制部分用于实时 I/O 报文或隐性报文。CIP 的信息部分用于报文交换，也称作显示报文。Control Net、Device Net 和 Ethernet/IP 都使用该协议通信，三种网络分享相同的对象库，对象和装置行规（Device profile）使得多个供应商的装置能在上述三种网络中实现即插即用。对象的定义是严格的，在同一种网络上支持实时报文、组态和诊断。Ethernet/IP 能够用于处理多达每个包 1500B 的大批量数据，它以可预报方式管理大批量数据。目前，Ethernet 网络技术正在快速发展，成本在迅速下降，因而 Ethernet/IP 得到了越来越广泛的应用。

（三）FF HSE 工业以太网

现场级网络 H1 以 31.25kbit/s 速度工作，支持过程控制应用。HSE 网络遵循标准的以太网规范，并根据过程控制的需要适当增加了一些功能，但这些增加的功能可以在标准的 Ethernet 结构框架内无缝地进行操作，因而 FFHSE 可以使用当前流行的商用（COTS）以太网设备。100Mbit/s 以太网拓扑采用交换机构成星形连接，这种交换机具有防火墙功能，以阻断特殊类型的信息出入网络。HSE 使用标准的 IEEE802.3 信号传输、标准的 Ethernet 接线和通信媒体。设备与交换机之间的距离，使用双绞线为 100m，使用全双工光缆则可达 2000m。HSE 使用连接装置（Linking Device）连接 H1 子系统，LD 履行网桥功能，它容许就地连在 H1 网络上的各现场设备完成点对点等通信。HSE 支持冗余通信，如果一条线路断开，则数据流将立即移至后备线路传送。采用冗余的交换机和连接装置可以实现网络的冗余与容错，HSE上的任何设备都能作冗余配置。

FF HSE通信系统协议规范已被国际电工委员会接受，成为IEC61158国际标准。FF HSE的1～4层由现有的以太网、TCP/IP和IEEE标准所定义，HSE和H1使用同样的用户层，现场总线信息规范（FMS）在H1中定义了服务接口，现场设备访问代理（FDA）为HSE提供接口。用户层规定功能模块、设备描述（DD）、功能文件（CF）以及系统管理（SM）。

FF规范了21种功能模块供基本的和先进的过程控制使用，这些标准的功能模块驻留在连至HSE网络的现场设备中，仅需组态并予以链接。FF还规定了新的柔性功能模块（FFB），用以进行复杂的批处理和混合控制应用。FFB支持数据采集的监控、子系统接口、事件顺序、多路数据采集、PLC和与其他协议通信的网间连接器。

HSE工业以太网为连续的过程工业和断续的制造工业所需的连续实时控制提供了各种解决方案。它也为各类传感器、连续与断续自动控制系统、监控和批量系统、资源规划系统以及信息管理系统的集成提供了一种标准的协议。

（四）ProfiNet工业以太网

PNO（Profibus National Organization）组织于2001年8月发表的ProfiNet规范是用于Profibus纵向集成的、开发的、一致的综合系统解决方案。ProfiNet将工厂自动化和企业信息管理较高层IT技术有机地融为一体，同时又完全保留了Profibus现有的开放性。ProfiNet特别重视有关保护投资的要求，以确保现有工厂的继续运行，同时还要求现有的系统可以集成已经安装的系统。

ProfiNet通信系统的系统方案支持开放的、面向对象的通信，这种通信建立在普遍使用的Ethernet TCP/UDP/IP基础上，优化的通信机制还可以满足实时通信的要求。基于对象应用的DCOM通信协议是通过该协议标准建立的。以对象的PDU形式表示的ProfiNet组件根据对象协议交换其自动化数据。自动化对象即COM对象以DCOM协议定义的形式出现在通信总线上。连接对象活动控制（ACCO）确保了已组态的互相连接的设备件通信关系的建立和数据交换。传输本身是由事件控制的，ACCO也负责故障后的恢复，包括质量代码和时间标记的传输、连接的监视、连接丢失后的再建立以及相互连接性的测试和诊断。

ProfiNet构成从I/O层直至协调管理层的基于组件的分布式自动化系统的体系结构方案，Profibus技术可以在整个系统中无缝地集成。Profibus可以通过代理服务器（Proxy）很容易实现与其他现场总线系统的集成。在该方案中，通过代理服务器将通用的Profibus网络连接到工业以太网；通过以太网TCP/IP访问Profibus设备是由Proxy使用远方程序调用和Microsoft DCOM进行处理的。代理服务器是一种实现自动化对象功能的软件模块，该自动化对象既代表Profibus用户又代表工业以太网上的其他ProfiNet用户。

ProfiNet通信协议使用如下标准与技术：IEEE 802.1标准；Ethernet TCP/UDP/IP协

议；特定的实时协议；COM/DCOM 组件模型；对象模型；以及网络管理等技术。

综上，ProfiNet 规范将现有的 Profibus 协议与微软的自动化对象模型 COM/DCOM 标准、TCP/IP 通信协议以及工控软件互操作规范 OPC 技术等有机地结合成一体。ProfiNet 试图实现让所有的自动化装置都是透明的、面向对象的和拥有全新的结构体系。

从以上不难得出，大的自动化系统公司都把工业以太网使用在控制级及其以上的各级，为了保护投资的利益，现场级仍然采用现有的现场总线，ModbusTCP/IP 使用 Modbus 总线，Ethernet/IP 使用 DeviceNet 和 Control Net 现场总线，FF HSE 现场级使用 FF H1 现场总线，PROFInet 则完全保留已有的 profibus 现场总线。这样一来，要使这些系统相互兼容看来需要走相当长的路。

互联网技术的成功之处在于使用了 TCP/IP 网络协议，该协议的特点是：开放的协议标准，并且独立于特定的计算机硬件与操作系统；独立于特定的网络硬件；统一的网络地址分配方案；以及标准化的高层协议，可以提供多种可靠的用户服务。

由于工业网络需要解决工业控制具体问题，因而需要增加用户层，所以说工业 TCP/IP 参考模型是 8 层结构。在 TCP/IP 参考模型中，主机 - 网络层是最低层，它负责通过网络发送和接收 IP 数据包，TCP/IP 参考模型允许主机连入网络时使用多种现成的与流行的协议，充分体现了 TCP/IP 协议的兼容性与适应性。利用这种技术，各种协议的现场总线都可以接入 TCP/IP 网络。IP 互连层相当于 OSI 模型的网络层的无连接网络服务，用来确定信息传输路线，为每个数据包提供独立的寻址能力；TCP 传输层则负责无差错地传送数据包，一旦出错能够实现重发和指示出错。

在 TCP/IP 参考模型中，应用层是最高层协议，它包括超级文本传输协议 HTTP、文件传输协议 FTP、简单网络管理协议 SNMP 等建立于 IT 技术的协议。对于工业以太网，在传输非实时数据时上述协议仍然适用。但是，工业以太网要用于工业控制，还必须在应用层解决实时通信、用于系统组态的对象和工程模型的应用协议。目前要建立一个统一的应用层和用户层标准协议还只是一个长远的目标。

近来，随着网络通信技术的进一步发展，用户的需求也日益迫切，国际上许多标准组织正在积极地工作以建立一个工业以太网的应用协议。工业自动化开放网络联盟（Industrial Automation Open Network Alliance, IAONA）协同 ODVA 和分散自动化集团（Interface for Distributed Automation, IDA）共同开展工作，并对推进基于 Ethernet TCP/IP 工业以太网的通信技术达成共识。由 IAONA 负责定义工业以太网公共的功能和互操作性，具体内容包括对于 IP 地址即插即用互操作的通用策略、装置描述和恢复机制；网络诊断的方案；指导使用 Web 技术；一致性测试；以及定义一种应用接口，以消除各种协议间的差异。相信经过各方面的共同努力，不久的将来就会出现一个具有互操作性的工业以太网。

思考题

1. 简述工业控制网络具有的特点。
2. 工业控制网络对控制系统体系结构的影响有哪些？
3. 简述现场总线的定义。
4. 现场总线的技术特点是什么？
5. 简要说出现场总线系统的优点。

第六章　电气控制与 PLC 控制技术

任务导入：

可编程控制器 (Programmable Controller, PC) 最早称为可编程逻辑控制器 (Programmable Logic Controller, PLC)，为了与个人计算机的 PC 相区别，通常用 PLC 表示。它是在继电器控制技术的基础上引入了微电子技术、计算机技术、自动控制技术和通信技术而形成的一种新型工业自动控制设备，可以用来取代继电器，执行逻辑、计时、计数等顺序控制功能，建立柔性的程控系统，目前被广泛应用于自动化控制的各个领域中。本章讨论 PLC 控制系统。

学习大纲：

1. 学习可编程序控制器。
2. 掌握软 PLC 技术。
3. 学习 PLC 控制系统的安装与调试的相关知识。
4. 了解 PLC 的通信及网络。

第一节　可编程序控制器

一、可编程序控制器组成部分、分类及特点

（一）可编程序控制器组成部分

PLC（可编程控制器）由硬件系统和软件系统两个部分组成，其中硬件系统可分为中央处理器和储存器两个部分，软件系统则为 PLC 软件程序和 PLC 编程语言两个部分。

1. 软件系统

（1）PLC 软件：PLC 可编程控制器的软件系统由 PLC 软件和编程语言组成，PLC 软件运行主要依靠系统程序和编程语言。一般情况下，控制器的系统程序在出厂前就已经被锁定在了 ROM 系统程序的储存设备中。

（2）PLC 编程语言：PLC 编程语言主要用于辅助 PLC 软件的运作和使用，它的运作原

理是利用编程元件继电器代替实际原件继电器进行运作，将编程逻辑转化为软件形式存在于系统当中，从而帮助 PLC 软件运作和使用。

2. 硬件结构

（1）中央处理器：中央处理器在 PLC 可编程控制器中的作用相当于人体的大脑，用于控制系统运行的逻辑，执行运算和控制。它也是由两个部分组成，分别是运算系统和控制系统，运算系统执行数据运算和分析，控制系统则根据运算结果和编程逻辑执行对生产线的控制、优化和监督。

（2）储存器：储存器主要执行数据储存、程序变动储存、逻辑变量以及工作信息等，储存系统也用于储存系统软件，这一储存器叫作程序储存器。PLC 可编程控制器中的储存硬件在出厂前就已经设定好了系统程序，而且整个控制器的系统软件也已经被储存在了储存器中。

（3）输入输出：输入输出执行数据输入和输出，它是系统与现场的 I/O 装置或别的设备进行连接的重要硬件装置，是实现信息输入和指令输出的重要环节。PLC 将工业生产和流水线运作的各类数据传送到主机当中，而后由主机中程序执行运算和操作，再将运算结果传送到输入模块，最后再由输入模块将中央处理器发出的执行命令转化为控制工业磁场的强电信号，控制电磁阀、电机以及接触器执行输出指令。

（二）可编程序控制器分类

PLC 产品种类繁多，其规格和性能也各不相同。对 PLC 的分类，通常根据其结构形式的不同、功能的差异和 I/O 点数的多少等进行大致分类。

1. 按结构形式分类

根据 PLC 的结构形式，可将 PLC 分为整体式和模块式两类。

（1）整体式 PLC 是将 CPU、存储器、I/O 部件等组成部分集中于一体，安装在印刷电路板上，并连同电源一起装在一个机壳内，形成一个整体，通常称为主机或基本单元。整体式结构的 PLC 具有结构紧凑、体积小、重量轻、价格低的优点。一般小型或超小型 PLC 多采用这种结构。整体式 PLC 由不同 I/O 点数的基本单元（又称主机）和扩展单元组成。基本单元内有 CPU、I/O 接口、与 I/O 扩展单元相连的扩展口，以及与编程器或 EPROM 写入器相连的接口等。扩展单元内除了 I/O 和电源等，没有其他的外设。基本单元和扩展单元之间一般用扁平电缆连接。整体式 PLC 一般还可配备特殊功能单元，如模拟量单元、位置控制单元等，使其功能得以扩展。

（2）模块式 PLC 是把各个组成部分做成独立的模块，如 CPU 模块、输入模块、输出模块、电源模块等。各模块作成插件式，并将组装在一个具有标准尺寸并带有若干插槽的机架内。模块式 PLC 由框架或基板和各种模块组成。模块装在框架或基板的插座上。这种模块式PLC的特点是配置灵活，装配和维修方便，易于扩展。大、中型PLC一般采用模块式结构。

还有一些PLC将整体式和模块式的特点结合起来，构成所谓叠装式PLC。叠装式PLC其CPU、电源、I/O接口等也是各自独立的模块，但它们之间是靠电缆进行连接，并且各模块可以一层层地叠装。这样，不但可以灵活配置系统，还可做得体积小巧。

2. 按功能分类

根据PLC所具有的不同功能，可将PLC分为低档、中档、高档三类。

（1）低档PLC具有逻辑运算、定时、计数、移位以及自诊断、监控等基本功能，还具有实现少量模拟量输入/输出、算术运算、数据传送和比较、通信的功能。主要用在逻辑控制、顺序控制或少量模拟量控制的单机控制系统中。

（2）中档PLC不仅具有低档PLC的功能，还具有模拟量输入/输出、算术运算、数据传送和比较、数制转换、远程I/O、子程序、通信联网等强大的功能。有些还可增设中断控制、PID控制等功能，比较适用于复杂控制系统中。

（3）高档PLC不仅具有中档机的功能，还增加了带符号算术运算、矩阵运算、位逻辑运算、平方根运算及其他特殊功能函数的运算、制表及表格传送等功能。高档PLC具有更强的通信联网功能，可用于大规模过程控制或构成分布式网络控制系统，实现工厂自动化控制。

3. 按I/O点数分类

可编程控制器用于对外部设备的控制，外部信号的输入、PLC的运算结果的输出都要通过PLC输入输出端子来进行接线，输入、输出端子的数目之和被称作PLC的输入、输出点数，简称I/O点数。根据PLC的I/O点数的多少，可将PLC分为小型、中型和大型三类。

（1）小型PLC——I/O点数<256点；单CPU、8位或16位处理器、用户存储器容量4K字以下。如GE-I型［美国通用电气（GE）公司］，TI100（美国得州仪器公司），F、F1、F2（日本三菱电气公司）等。

（2）中型PLC——I/O点数256-2048点；双CPU，用户存储器容量2-8K。如S7-300（德国西门子公司），SR-400（中外合资无锡华光电子工业有限公司），SU-5、SU-6（德国西门子公司）等。

（3）大型PLC——I/O点数>2048点；多CPU，16位、32位处理器，用户存储器容量8-16K。如S7-400（德国西门子公司）、GE-Ⅳ（GE公司）、C-2000（立石公司）、K3（三菱公司）等。

（三）可编程序控制器特点

1. 通用性强，使用方便。由于PLC产品的系列化和模块化，PLC配备有品种齐全的各种硬件装置供用户选用。当控制对象的硬件配置确定以后，就可通过修改用户程序，方便快速地适应工艺条件的变化。

2. 功能性强，适应面广。现代PLC不仅具有逻辑运算、计时、计数、顺序控制等功能，而且还具有A/D和D/A转换、数值运算、数据处理等功能。因此，它既可对开关量进行控制，也可对模拟量进行控制，既可控制一台生产机械、一条生产线，也可控制一个生产过程。PLC还具有通信联络功能，可与上位计算机构成分布式控制系统，实现遥控功能。

3. 可靠性高，抗干扰能力强。绝大多数用户都将可靠性作为选择控制装置的首要条件。针对PLC是专为在工业环境下应用而设计的，故采取了一系列硬件和软件抗干扰措施。硬件方面，隔离是抗干扰的主要措施之一。PLC的输入、输出电路一般用光电耦合器来传递信号，使外部电路与CPU之间无电路联系，有效地抑制了外部干扰源对PLC的影响，同时，还可以防止外部高电压窜入CPU模块。滤波是抗干扰的另一主要措施，在PLC的电源电路和I/O模块中，设置了多种滤波电路，对高频干扰信号有良好的抑制作用。软件方面，设置故障检测与诊断程序。采用以上抗干扰措施后，一般PLC平均无故障时间高达4万～5万小时。

4. 编程方法简单，容易掌握。PLC配备有易于接受和掌握的梯形图语言。该语言编程元件的符号和表达方式与继电器控制电路原理图相当接近。

5. 控制系统的设计、安装、调试和维修方便。PLC用软件功能取代了继电器控制系统中大量的中间继电器、时间继电器、计数器等部件，控制柜的设计、安装接线工作量大为减少。PLC的用户程序大都可以在实验室模拟调试，调试好后再将PLC控制系统安装到生产现场，进行联机统调。在维修方面，PLC的故障率很低，且有完善的诊断和实现功能，一旦PLC外部的输入装置和执行机构发生故障，就可根据PLC上发光二极管或编程器上提供的信息，迅速查明原因。若是PLC本身问题，则可更换模块，迅速排除故障，维修极为方便。

6. 体积小、质量小、功耗低。由于PLC是将微电子技术应用于工业控制设备的新型产品，因而结构紧凑，坚固，体积小，质量小，功耗低，而且具有很好的抗震性和适应环境温度、湿度变化的能力。因此，PLC很容易装入机械设备内部，是实现机电一体化较理想的控制设备。

二、可编程控制器工作原理

可编程控制器通电后，需要对硬件及其使用资源做一些初始化的工作，为了使可编程控制器的输出及时地响应各种输入信号，初始化后系统反复不停地分阶段处理各种不同的任务，这种周而复始的工作方式称为扫描工作方式。根据PLC的运行方式和主要构成特点来讲，PLC实际上是一种计算机软件，且是用于控制程序的计算机系统，它的主要优势在于比普通的计算机系统拥有更为强大的工程过程接口，这种程序更加适合于工业环境。

PLC的运作方式属于重复运作，主要通过循序扫描以及循环工作来实现，在主机程序的控制下，PLC可以重复对目标进行信息读取。

（一）系统初始化

PLC上电后，要进行对CPU及各种资源的初始化处理，包括清除I/O映像区、变量存储器区，复位所有定时器，检查I/O模块的连接等。

（二）读取输入

在可编程序控制器的存储器中，设置了一片区域来存放输入信号和输出信号的状态，它们分别称为输入映像寄存器和输出映像寄存器。在读取输入阶段，可编程序控制器把所有外部数字量输入电路的ON/OFF（I/O）状态读入输入映像寄存器。外接的输入电路闭合时，对应的输入映像寄存器为I状态，梯形图中对应输入点的常开触点接通，常闭触点断开。外接的输入电路断开时，对应的输入映像寄存器为O状态，梯形图中对应输入点的常开触点断开，常闭触点接通。

（三）执行用户程序

可编程序控制器的用户程序由若干条指令组成，指令在存储器中按顺序排列。在用户程序执行阶段，在没有跳转指令时，CPU从第一条指令开始，逐条顺序地执行用户程序，直至遇到结束（END）指令。遇到结束指令时，CPU检查系统的智能模块是否需要服务。

在执行指令时，从I/O映像寄存器或别的位元件的映像寄存器读出其0/1状态，并根据指令的要求执行相应的逻辑运算，运算的结果写入相应的映像寄存器中。因此，各映像寄存器（只读的输入映像寄存器除外）的内容随着程序的执行而变化。

在程序执行阶段，即使外部输入信号的状态发生了变化，输入映像寄存器的状态也不会随之而变，输入信号变化了的状态只能在下一个扫描周期的读取输入阶段被读入。执行程序时，对输入/输出的存取通常是通过映像寄存器，而不是实际的I/O点，这样做有以下好处：程序执行阶段的输入值是固定的，程序执行完后再用输出映像寄存器的值更新输出点，使系统的运行稳定；用户程序读写I/O映像寄存器比读写I/O点快得多，这样可以提高程序的执行速度；I/O点必须按位来存取，而映像寄存器可按位、字节来存取，灵活性好。

（四）通信处理

在智能模块及通信信息处理阶段，CPU模块检查智能模块是否需要服务，如果需要，读取智能模块的信息并存放在缓冲区中，供下一扫描周期使用。在通信信息处理阶段，CPU处理通信口接收到的信息，在适当的时候将信息传送给通信请求方。

（五）CPU 自诊断测试

自诊断测试包括定期检查 EPROM、用户程序存储器、I/O 模块状态以及 I/O 扩展总线的一致性，将监控定时器复位，以及完成一些别的内部工作。

（六）修改输出

CPU 执行完用户程序后，将输出映像寄存器的 I/O 状态传送到输出模块并锁存起来。梯形图中某一输出位的线圈"通电"时，对应的输出映像寄存器为 I 状态。信号经输出模块隔离和功率放大后，继电器型输出模块中对应的硬件继电器的线圈通电，其常开触点闭合，使外部负载通电工作。若梯形图中输出点的线圈"断电"，对应的输出映像寄存器中存放的二进制数为 0，将它送到物理输出模块，对应的硬件继电器的线圈断电，其常开触点断开，外部负载断电，停止工作。

（七）中断程序处理

如果 PLC 提供中断服务，而用户在程序中使用了中断，中断事件发生时立即执行中断程序，中断程序可能在扫描周期的任意时刻上被执行。

（八）立即 I/O 处理

在程序执行过程中使用立即 I/O 指令可以直接存取 I/O 点。用立即 I/O 指令读输入点的值时，相应的输入映像寄存器的值未被更新。用立即 I/O 指令来改写输出点时，相应的输出映像寄存器的值被更新。

五、可编程控制器应用领域

在发达的工业国家，PLC 已经广泛应用于钢铁、石油、化工、电力、建材、机械制造、汽车、轻纺、交通运输、环保及文化娱乐等各行各业。随着 PLC 性能价格比的不断提高，一些过去使用专用计算机的场合，也转向使用 PLC，PLC 的应用范围在不断扩大，可归纳为如下几个方面：

第一，开关量的逻辑控制：这是 PLC 最基本最广泛的应用领域。PLC 取代继电器控制系统，实现逻辑控制。例如：机床电气控制，冲床、铸造机械、运输带、包装机械的控制，注塑机的控制，化工系统中各种泵和电磁阀的控制，冶金企业的高炉上料系统、轧机、连铸机、飞剪的控制，电镀生产线、啤酒灌装生产线、汽车配装线、电视机和收音机的生产线控制等。

第二，运动控制：PLC 可用于对直线运动或圆周运动的控制。早期直接用开关量 I/O 模块连接位置传感器与执行机构，现在一般使用专用的运动控制模块。这类模块一般带有微处理器，用来控制运动物体的位置、速度和加速度，它可以控制直线运动或旋转运动、单轴或多轴运动。它们使运动控制与可编程控制器的顺序控制功能有机地结合在一起，被广泛地应用在机床、装配机械等场合。

世界上各主要 PLC 厂家生产的 PLC 几乎都有运动控制功能。如日本三菱公司的 FX 系列 PLC 的 FX2N-1PG 是脉冲输出模块，可作 I 轴块从位置传感器得到当前的位置值，并与给定值相比较，比较的结果用来控制步进电动机的驱动装置。一台 FX2N 可接 8 块 FX2N-IPG。

第三，闭环过程控制：在工业生产中，一般用闭环控制方法来控制温度、压力、流量、速度这一类连续变化的模拟量，无论是使用模拟调节器的模拟控制系统还是使用计算机（包括PLC）的控制系统，PID（Proportional Integral Dfferential，即比例—积分—微分调节）都因其良好的控制效果，得到了广泛的应用。PLC 通过模拟量 I/O 模块实现模拟量与数字量之间的 A/D、D/A 转换，并对模拟量进行闭环 PID 控制，可用 PID 子程序来实现，也可使用专用的 PID 模块。PLC 的模拟量控制功能已经广泛应用于塑料挤压成型机、加热炉、热处理炉、锅炉等设备，还广泛地应用于轻工、化工、机械、冶金、电力和建材等行业。

利用可编程控制器（PLC）实现对模拟量的 PID 闭环控制，具有性价比高、用户使用方便、可靠性高、抗干扰能力强等特点。用 PLC 对模拟量进行数字 PID 控制时，可采用三种方法：使用 PID 过程控制模块；使用 PLC 内部的 PID 功能指令；或者用户自己编制 PID 控制程序。前两种方法要么价格昂贵，在大型控制系统中才使用；要么算法固定，不够灵活。因此，如果有的 PLC 没有 PI 功能指令，或者虽然可以使用 PID 指令，但是希望采用其他的 PID 控制算法，则可采用第三种方法，即自编 PID 控制程序。

PLC 在模拟量的数字 PID 控制中的控制特征是：由 PLC 自动采样，同时将采样的信号转换为适于运算的数字量，存放在指定的数据寄存器中，由数据处理指令调用、计算处理后，由 PLC 自动送出。其 PID 控制规律可由梯形图程序来实现，因而有很强的灵活性和适应性，一些原在模拟 PID 控制器中无法实现的问题在引入 PLC 的数字 PID 控制后就可以得到解决。

第四，数据处理：现代的 PLC 具有数学运算、数据传递、转换、排序和查表、位操作等功能，可以完成数据的采集、分析和处理。这些数据可以与储存在存储器中的参考值比较，也可以用通信功能传送到别的智能装置，或将其打印制表。数据处理一般用在大、中型控制系统，如柔性制造系统、过程控制系统等。

第五，机器人控制：机器人作为工业过程自动生产线中的重要设备，已成为未来工业生产自动化的三大支柱之一。现在许多机器人制造公司，选用 PLC 作为机器人控制器来控制各种机械动作。随着 PLC 体积进一步缩小，功能进一步增强，PLC 在机器人控制中的应用必将更加普遍。

第六，通信联网：PLC 的通信包括 PLC 之间的通信、PLC 与上位计算机和其他智能设备之间的通信。PLC 和计算机具有接口，用双绞线、同轴电缆或光缆将其联成网络，以实现信息的交换,并可构成"集中管理,分散控制"的分布式控制系统。目前 PLC 与 PLC 的通信网络是各厂家专用的。对于 PLC 与计算机之间的通信,一些 PLC 生产厂家采用工业标准总线,并向标准通信协议靠拢。

四、可编程序控制器发展趋势

(一)传统可编程序控制器发展趋势

1. 技术发展迅速,产品更新换代快:随着微电子技术、计算机技术和通信技术的不断发展,PLC 的结构和功能不断改进,生产厂家不断推出功能更强的 PLC 新产品,平均 3～5 年更新换代一次。PLC 的发展有两个重要趋势:

(1)向体积更小、速度更快、功能更强、价格更低的微型化发展,以适应复杂单机、数控机床和工业机器人等领域的控制要求,实现机电一体化。

(2)向大型化、复杂化、多功能、分散型、多层分布式工厂全自动网络化方向发展。例如:美国 GE 公司推出的 Gen-etwo 工厂全自动化网络系统,不仅具有逻辑运算、计时、计数等功能,还具有数值运算、模拟量控制、监控、计算机接口、数据传递等功能,而且还能进行中断控制、智能控制、过程控制、远程控制等。该系统配置了 GE/BASIC 语言,向上能与上位计算机进行数据通信,向下不仅能直接控制 CNC 数控机床、机器人,还可通过下级 PLC 去控制执行机构。在操作台上如果配备该公司的 Factory Master 数据采集和分析系统、Viewaster 彩色图像系统,则管理、控制整个工厂十分方便。

2. 开发各种智能模块,增强过程控制功能:智能 I/O 模块是以微处理器为基础的功能部件。它们的 CPU 与 PLC 的主 CPU 并行工作,占用主机 CPU 的时间很少,有利于提高 PLC 的扫描速度。智能模块主要有模拟量 I/O、PID 回路控制、通信控制、机械运动控制等,高速计数、中断输入、BASIC 和 C 语言组件等。智能 I/O 的应用,使过程控制功能增强。某些 PLC 的过程控制还具有自适应、参数自整定功能,使调试时间减少,控制精度提高。

3. 与个人计算机相结合:目前,个人计算机主要用作 PLC 的编程器、操作站或人/机接口终端,其发展是使 PLC 具备计算机的功能。大型 PLC 采用功能很强的微处理器和大容量存储器,将逻辑控制、模拟量控制、数学运算和通信功能紧密结合在一起。这样,PLC 与个人计算机、工业控制计算机、集散控制系统在功能和应用方面相互渗透,使控制系统的性能价格比不断提高。

4. 通信联网功能不断增强:PLC 的通信联网功能使 PLC 与 PLC 之间,PLC 与计算机之间交换信息,形成一个统一的整体,实现分散集中控制。

5. 发展新的编程语言,增加容错功能:改善和发展新的编程语言、高性能的外部设备和图形监控技术构成的人/机对话技术,除梯形图、流程图、专用语言指令外,还增加了 BASIC 语言的编程功能和容错功能。如双机热备、自动切换 I/O、双机表决(当输入状态与 PLC 逻辑状态比较出错时，自动断开该输出）、I/O 三重表决（对 I/O 状态进行软硬件表决，取两台相同的）等，以满足极高可靠性要求。

6. 不断规范化、标准化：PLC 厂家在对硬件与编程工具不断升级的同时，日益向制造自动化协议（MAP）靠拢，并使 PLC 的基本部件（如输入输出模块、接线端子、通信协议、编程语言和编程工具等）的技术规范化、标准化，使不同产品互相兼容、易于组网，以真正方便用户，实现工厂生产的自动化。

（二）新型可编程序控制器发展趋势

目前，人们正致力于寻求开放型的硬件或软件平台，新一代 PLC 主要有以下两种发展趋势。

1. 向大型网络化、综合化方向发展

实现信息管理和工业生产相结合的综合自动化是 PLC 技术发展的趋势。现代工业自动化已不再局限于某些生产过程的自动化，采用 32 位微处理器的多 CPU 并行工作和大容量存储器的超大型 PLC 可实现超万点的 I/O 控制，大中型 PLC 具有如下功能：函数运算、浮点运算、数据处理、文字处理、队列、阵运算、PLC 运算、超前补偿、滞后补偿、多段斜坡曲线生成、处方、配方、批处理、故障搜索、自诊断等。强化通信能力和网络化功能是大型 PLC 发展的一个重要方面。主要表现在：向下将多个 PLC 与远程 I/O 站点相连，向上与工控机或管理计算机相连构成整个工厂的自动化控制系统。

2. 向速度快、功能强的小型化方向发展

当前小型化 PLC 在工业控制领域具有不可替代的地位，随着应用范围的扩大，体积小、速度快、功能强、价格低的 PLC 广泛应用到工控领域的各个层面。小型 PLC 将由整体化结构向模块化结构发展，系统配置的灵活性得以增强。小型化发展具体表现在：结构上的更新、物理尺寸的缩小、运算速度的提高、网络功能的加强、价格成本的降低。小型 PLC 的功能得到进一步强化，可直接安装在机器内部，适用于回路或设备的单机控制，不仅能够完成开关量的 I/O 控制，还可以实现高速计数、高速脉冲输出、PWM 波输出、中断控制、PLC 控制、网络通信等功能，更利于机电一体化的形成。

现代 PLC 在模块功能、运算速度、结构规模以及网络通信等方面都有了跨越式发展，它与计算机、通信、网络、半导体集成、控制、显示等技术的发展密切相关。PLC 已经融入了 PC 和 DCS 的特点。面对激烈的技术市场竞争，PLC 面临其他控制新技术和新设备所带来的冲击，PLC 必须不断融入新技术、新方法，结合自身的特点，推陈出新，使功能更加完善。PLC 技术的不断进步，加之在网络通信技术方面出现新的突破，新一代 PLC 将能够更好地满足各种工业自动化控制的需要，其技术发展趋势有如下特点：

（1）网络化

PLC 相互之间以及 PLC 与计算机之间的通信是 PLC 的网络通信所包含的内容。人们在不断制定与完善通用的通信标准，以加强 PLC 的联网通信能力。PLC 典型的网络拓扑结构为设备控制、过程控制和信息管理 3 个层次，工业自动化使用最多、应用范围最广泛的自动化控制网络便是 PLC 及其网络。

人们把现场总线引入设备控制层后，工业生产过程现场的检测仪表、变频器等现场设备可直接与 PLC 相连；过程控制层配置工具软件，人机界面功能更加友好、方便；具有工艺流程、动态画面、趋势图生成等显示功能和各类报表制作等多种功能，还可使 PLC 实现跨地区的监控、编程、诊断、管理，实现工厂的整体自动化控制；信息管理层使控制与信息管理融为一体。在制造业自动化通信协议规约的推动下，PLC 网络中的以太网通信将会越来越重要。

（2）模块多样化和智能化

各厂家拥有多样的系列化 PLC 产品，形成了应用灵活、使用简便、通用性和兼容性更强的用户系统配置。智能的输入/输出模块不依赖主机，通常也具有中央处理单元、存储器、输入/输出单元以及与外部设备的接口，内部总线将它们连接起来。智能输入/输出模块在自身系统程序的管理下，进行现场信号的检测、处理和控制，并通过外部设备接口与 PLC 主机的输入/输出扩展接口连接，从而实现与主机的通信。智能输入/输出模块既可以处理快速变化的现场信号，还可使 PLC 主机能够执行更多的应用程序。

适应各种特殊功能需要的各种智能模块，如智能 PID 模块、高速计数模块、温度检测模块、位置检测模块、运动控制模块、远程 I/O 模块、通信和人机接口模块等，其 CPI 与 PLC 的 CPU 并行工作，占用主机的 CPU 时间很少，可以提高 PLC 的扫描速度和完成特殊的控制要求。智能模块的出现，扩展了 PLC 功能，扩大了 PLC 应用范围，从而使得系统的设计更加灵活方便。

（3）高性能和高可靠性

如果 PLC 具有更大的存储容量、更高的运行速度和实时通信能力，必然可以提高 PLC 的处理能力、增强控制功能和范围。高速度包括运算速度、交换数据、编程设备服务处理以及外部设备响应等方面的高速化，运行速度和存储容量是 PLC 非常重要的性能指标。

自诊断技术、冗余技术、容错技术在 PLC 中得到广泛应用，在 PLC 控制系统发生的故障中，外部故障发生率远远大于内部故障的发生率。PLC 内部故障通过 PLC 本身的软、硬件能够实现检测与处理，检测外部故障的专用智能模块将进一步提高控制系统的可靠性，具有容错和冗余性能的 PLC 技术将得以发展。

（4）编程朝着多样化、高级化方向发展

硬件结构的不断发展和功能的不断提高，PLC 编程语言，除了梯形图、语句表外，还出现了面向顺序控制的步进编程语言、面向过程控制的流程图语言以及与微机兼容的高级语言等，将满足适应各种控制要求。另外，功能更强、通用的组态软件将不断改善开发环境，提高开发效率。PLC 技术进步的发展趋势也将是多种编程语言的并存、互补与发展。

（5）集成化

所谓软件集成，就是将 PLC 的编程、操作界面、程序调试、故障诊断和处理、通信等集于一体。监控软件集成，系统将实现直接从生产中获得大量实时数据，并将数据加以分析后传送到管理层；此外，它还能将过程优化数据和生产过程的参数迅速地反馈到控制层。现在，系统的软、硬件只需通过模块化、系列化组合，便可在集成化的控制平台上"私人定制"客户需要的控制系统，包括 PLC 控制系统、伺服控制系统、DCS 系统以及 SCADA 系统等，系统维护更加方便。将来，PLC 技术将会集成更多的系统功能，逐渐降低用户的使用难度，缩短开发周期以及降低开发成本，以满足工业用户的需求。在一个集成自动化系统中，设备间能够最大限度地实现资源的利用与共享。

（6）开放性与兼容性

信息相互交流的即时性、流通性对于工业控制系统而言，要求越来越高，系统整体性能更加重要，人们更加注重 PLC 和周边设备的配合，用户对开放性要求日益强烈。系统不开放和不兼容会令用户难以充分利用自动化技术，给系统集成、系统升级和信息管理带来困难和附加成本。PLC 的品质既要看其内在技术是否先进，还需考察其是否符合国际标准化的程度和水平。标准化既可保证产品质量，也将保证各厂家产品之间的兼容性、开放性。编程软件统一、系统集成接口统一、网络和通信协议统一是 PLC 开放性的主要体现。目前，总线技术和以太网技术的协议是公开的，它为支持各种协议的 PLC 开放提供了良好的条件。国际标准化组织提出的开放系统互联参考模型，通信协议的标准化使各制造厂商的产品相互通信，促进 PLC 在开放功能上有较大发展。PLC 的开放性涉及通信协议、可靠性、技术保密性、厂家商业利益等众多问题，PLC 的完全开放还有很长的路要走。PLC 的开放性会使其更好地与其他控制系统集成，这是 PLC 未来的主要发展方向之一。

系统开放可使第三方软件在符合开放系统互联标准的 PLC 上得到移植；采用标准化的软件可大大缩短系统开发时间，提高系统的可靠性。软件的发展也表现在通信软件的应用上，近年推出的 PLC 都具有开放系统互联和通信的功能。标准编程方法将会使软件更容易操作和学习，软件开发工具和支持软件也相应地得到更广泛的应用。维护软件功能的增强，降低了维护人员的技能要求，减少了培训费用。面向对象的控件和 OCP 技术等高新技术被广泛应用于软件产品中。PLC 已经开始采用标准化的软件系统，高级语言编程也正逐步形成，为进一步的软件开发打下了基础。

（7）集成安全技术应用

集成安全基本原理是能够感知非正常工作状态并采取动作。安全集成系统与 PLC 标准控制系统共存，它们共享一个数据网络，安全集成系统的逻辑在 PLC 和智能驱动器硬件上运行。安全控制系统包括安全输入设备，例如急停按钮、安全门限位开关或连锁开关、安全光栅或光幕、双手控制按钮；安全控制电气元件，例如安全继电器、安全 PLC、安全总线；安全输出控制，例如主回路中的接触器、继电器、阀门等。

PLC 控制系统的安全性也越来越得到重视，安全 PLC 控制系统就是专门为条件苛刻的任务或安全应用而设计的。安全 PLC 控制系统在其失效时不会对人员或过程安全带来危险。安全技术集成到伺服驱动系统中，便可以提供最短反应时间，设定的安全相关数据在两个独立微处理器的通道中被传输和处理。如果发现某个通道中有监视参数存在误差，驱动系统就会进入安全模式。PLC 控制系统的安全技术要求系统具有自诊断能力，可以监测硬件状态、程序执行状态和操作系统状态，保护安全 PLC 不受来自外界的干扰。

在 PLC 安全技术方面，各厂商在不断研发和推出安全 PLC 产品，例如在标准 I/O 组中加上内嵌安全功能的 I/O 模块，通过编程组态来实现安全控制，从而构成了全集成的安全系统。这种基于 Ethernet Power Link 的安全系统是一种集成的模块化的安全技术，成为可靠、高效的生产过程的安全保障。

由于安全集成系统与控制系统共享一条数据总线或者一些硬件，系统的数据传输和处理速度可以大幅度提高，同时还节省了大量布线、安装、试运行及维护成本。罗克韦尔推出了模块式与分布式的安全PLC，西门子的安全PLC也已应用于汽车制造系统中。可以预见，安全 PLC 技术将会广泛应用于汽车、机床、机械、船舶、石化、电厂等领域。

第二节　软 PLC 技术

一、软 PLC 技术产生的背景

长期以来，计算机控制和传统 PLC 控制一直是工业控制领域的两种主要控制方法。PLC 自 1969 年问世以来，以其功能强、可靠性高、使用方便、体积小等优点在工业自动化领域得到迅速推广，成为工业自动化领域中极具竞争力的控制工具。但传统 PLC 的体系结构是封闭的，各个 PLC 厂家的硬件体系互不兼容，编程语言及指令系统各异，用户选择了一种 PLC 产品后，必须选择与其相应的控制规程，学习特定的编程语言，这不利于终端用户功能的扩展。

近年来，工业自动化控制系统的规模不断扩大，控制结构更趋分散化和复杂化，需要更多的用户接口。同时，企业整合和开放式体系的发展要求自动控制系统应具有强大的网络通信能力，使企业能及时地了解生产过程中的诸多信息，灵活选择解决方案，配置硬件和软件，并能根据市场行情，及时调整生产。此外，为了扩大控制系统的功能，许多新型传感器被加装到控制单元上,但这些传感器通常都很难与传统 PLC 连接,且传统 PLC 价格较贵。因此,改革现有的 PLC 控制技术,发展新型 PLC 控制技术已成为当前工业自动化控制领域迫切需要解决的技术难题。

虽然计算机控制技术能够提供标准的开发平台、高端应用软件、标准的高级编程语言及友好的图形界面,但其在恶劣控制环境下的可靠性和可扩展性受到限制。因此,人们在综合计算机和 PLC 控制技术优点的基础上,逐步提出并开发了一种基于 PLC 的新型控制技术——软 PLC 控制技术。

二、软 PLC 技术简介

随着计算机技术和通信技术的发展,采用高性能微处理器作为其控制核心,基于平台的技术得到迅速的发展和广泛的应用,基于的技术既具有传统的在功能、可靠性、速度、故障查找方面的特点,又具有高速运算、丰富的编程语言、方便的网络连接等优势。

基于 PC 的 PLC 技术是以 PC 的硬件技术、网络通信技术为基础,采用标准的 PC 开发语言进行开发,同时通过其内置的驱动引擎提供标准的 PLC 软件接口,使用符合 IEC61131-3 标准的工业开发界面及逻辑块图等软逻辑开发技术进行开发。通过 PC-Based PLC 的驱动引擎接口,一种 PC-Based PLC 可以使用多种软件开发,一种开发软件也可用于多种 PC-Based PLC 硬件。工程设计人员可以利用不同厂商的 PC-Based PLC 组成功能强大的混合控制系统,然后统一使用一种标准的开发界面,用熟悉的编程语言编制程序,以充分享受标准平台带来的益处,实现不同硬件之间软件的无缝移植,与其他 PLC 或计算机网络的通信方式可以采用通用的通信协议和低成本的以太网接口。

目前,利用 PC-Based PLC 设计的控制系统已成为最受欢迎的工业控制方案,PLC 与计算机已相互渗透和结合,不仅是 PLC 与 PLC 的兼容,而且是 PLC 与计算机的兼容,使之可以充分利用 PC 现有的软件资源。而且 IEC61131-3 作为统一的工业控制编程标准已逐步网络化,不仅能与控制功能和信息管理功能融为一体,并能与工业控制计算机、集散控制系统等进一步地渗透和结合,实现大规模系统的综合性自动控制。

三、软 PLC 工作原理

软 PLC 是一种基于 PC 的新型工业控制软件,它不仅具有硬 PLC 在功能、可靠性、速度、故障查找等方面的优点,而且有效地利用了 PC 的各种技术,具有高速处理数据能力和强大的网络通信能力。

利用软逻辑技术,可以自由配置 PLC 的软、硬件,使用用户熟悉的编程语言编写程序,可以将标准的工业 PC 转换成全功能的 PLC 型过程控制器。软 PLC 技术综合了计算机和 PLC 的开关量控制、模拟量控制、数学运算、数值处理、网络通信、PID 调节等功能，通过一个多任务控制内核，提供强大的指令集、快速而准确的扫描周期、可靠的操作和可连接各种 I/O 系统及网络的开放式结构。它遵循 IEC61131-3 标准，支持五种编程语言：①结构化文本，②指令表语言，③梯形图语言，④功能块图语言，⑤顺序功能图语言，以及它们之间的相互转化。

四、软 PLC 系统组成

（一）系统硬件

软 PLC 系统具有良好的开放性能，其硬件平台较多，既有传统的 PLC 硬件，也有当前较流行的嵌入式芯片，对于在网络环境下的 PC 或者 DCS 系统更是软 PLC 系统的优良硬件平台。

（二）开发系统

符合 IEC61131-3 标准的开发系统应提供一个标准 PLC 编辑器，并将五种语言编译成目标代码经过链接后下载到硬件系统中，同时应具有对应用程序的调试和与第三方程序通信的功能，开发系统主要具有以下功能：

1. 开放的控制算法接口，支持用户自定义的控制算法模块；

2. 仿真运行实时在线监控，可以方便地进行编译和修改程序；

3. 支持数据结构，支持多种控制算法，如 PID 控制、模糊控制等；

4. 编程语言标准化，它遵循 IEC61131-3 标准，支持多种语言编程，并且各种编程语言之间可以相互转换；

5. 拥有强大的网络通信功能，支持基于 TCP/IP 网络，可以通过网络浏览器来对现场进行监控和操作。

（三）运行系统

软 PLC 的运行系统，是针对不同的硬件平台开发出的 IEC61131-3 虚拟机，可完成对目标代码的解释和执行。对于不同的硬件平台，运行系统还必须支持与开发系统和相应的 I/O 模块的通信。这一部分是软 PLC 的核心，完成输入处理、程序执行、输出处理等工作。通常由 I/O 接口、通信接口、系统管理器、错误管理器、调试内核和编译器组成：

1. I/O 接口：与 I/O 系统通信，包括本地 I/O 系统和远程 I/O 系统，远程 I/O 主要通过现场总线 InterBus、ProfBus、CAN 等实现；

2. 通信接口：使运行系统可以和编程系统软件按照各种协议进行通信；

3. 系统管理器：处理不同任务、协调程序的执行，从 I/O 映像读写变量；

4. 错误管理器：检测和处理错误。

五、软 PLC 技术的发展

传统 PLC 的一些弱点使它的发展受到限制：① PLC 的软、硬体系结构封闭、不开放，专用总线、通信网络协议、各模块不通用；②编程语言虽多，但其组态、寻址、语言结构都不一致；③各品牌的 PLC 通用性和兼容性差；④各品牌产品的编程方法差别很大，技术专有性较强，用户使用某种品牌 PLC 时，不但要重新了解其硬件结构，还必须重新学习编程方法及其他规定。

随着工业控制系统规模的不断扩大，控制结构日趋分散化和复杂化，需要 PLC 具有更多的用户接口、更强大的网络通信能力、更好的灵活性。近年来，随着 IEC61131-3 标准的推广，PLC 呈现出 PC 化和软件化趋势。相对于传统 PLC，软 PLC 技术以其开放性、灵活性和低成本占有很大优势。

软 PLC 按照 IEC61131-3 标准，打破以往各个 PLC 厂家互不兼容的局限性，可充分利用工业控制计算机（IPC）或嵌入式计算机（EPC）的硬、软件资源，用软件来实现传统 PLC 的功能，使系统从封闭走向开放。软 PLC 技术提供 PLC 的相同功能，也具备了 PC 的各种优点。

软 PLC 具有高速数据处理能力和强大网络功能，可以简化自动化系统的体系结构，把控制、数据采集、通信、人机界面及特定应用，集成到一个统一开放系统平台上，采用开放的总线网络协议标准，满足未来控制系统开放性和柔性的要求。

基于 PC 的软 PLC 系统简化了系统的网络结构和设备设计，简化了复杂的通信接口，提高了系统的通信效率，降低了硬件投资，易于调试和维护。通过 OPC 技术能够方便地与第三方控制产品建立通信，便于与其他控制产品集成。

目前，软 PLC 技术还处于发展初期，成熟完善的产品不多。软 PLC 技术也存在一些问题，主要是以 PC 为基础的控制引擎的实时性问题及设备的可靠性问题。随着技术的发展，相信软 PLC 会逐渐走向成熟。

第三节　PLC 控制系统的安装与调试

一、PLC 使用的工作环境要求

任何设备的正常运行都需要一定的外部环境，PLC 对使用环境有特定的要求。PLC 在安装调试过程中应注意以下几点：

1. **温度**：PLC 对现场环境温度有一定要求。一般水平安装方式要求环境温度0℃～60℃，垂直安装方式要求环境温度为0℃～40℃，空气的相对湿度应小于85%（无凝露），为了保证合适的温度、湿度，在 PLC 设计、安装时，必须考虑如下事项：

（1）电气控制柜的设计。柜体应该有足够的散热空间，柜体设计应该考虑空气对流的散热孔；对发热厉害的电气元件，应该考虑设计散热风扇。

（2）安装注意事项。PLC 安装时，不能放在发热量大的元器件附近，要避免阳光直射，还要防水防潮；同时，要避免环境温度变化过大，以免内部形成凝露。

2. 振动：PLC 应远离强烈的振动源，防止 10～55Hz 的振动频率频繁或连续振动。火电厂大型电气设备中，如送风机、一次风机、引风机、电动给水泵、磨煤机等，工作时产生较大的振动，因此 PLC 应远离以上设备。当使用环境不可避免振动时，必须采取减振措施，如采用减振胶等。

3. 空气：避免有腐蚀和易燃的气体，例如氯化氢、硫化氢等。对于空气中有较多粉尘或腐蚀性气体的环境，可将 PLC 安装在封闭性较好的控制室或控制柜中，并安装空气净化装置。

4. 电源：PLC 供电电源为 50Hz、220（1±10%）V 的交流电，对于电源线带来的干扰，PLC 本身具有足够的抵制能力。对于可靠性要求很高的场合或电源干扰特别严重的环境，可以安装一台带屏蔽层的变比为 1∶1 的隔离变压器，以减少设备与地之间的干扰。

二、PLC 自动控制系统调试

调试工作是检查 PLC 控制系统能否满足控制要求的关键工作，是对系统性能的一次客观、综合的评价。系统投用前必须经过全系统功能的严格调试，直到满足要求并经有关用户代表、监理和设计人员等签字确认后才能交付使用。调试人员应受过系统的专门培训，对控制系统的构成、硬件和软件的使用和操作都比较熟悉。调试人员在调试时发现的问题，都应及时联系有关设计人员，在设计人员同意后方可进行修改，修改需做详细的记录，修改后的软件要进行备份。并对调试修改部分做好文档的整理和归档。调试内容主要包括输入输出功能、控制逻辑功能、通信功能、处理器性能测试等。

（一）调试方法

PLC 实现的自动控制系统，其控制功能基本都是通过设计软件来实现。这种软件是利用 PLC 厂商提供的指令系统，根据机械设备的工艺流程来设计的。这些指令基本都不能直接操作计算机的硬件。程序设计者不能直接操作计算机的硬件，减少了软件设计的难度，使得系统的设计周期缩短，同时又带来了控制系统其他方面的问题。在实际调试过程中，有时出现这样的情况：一个软件系统从理论上推敲能完全符合机械设备的工艺要求，而在运行过程中无论如何也不能投入正常运转。在系统调试过程中，如果出现软件设计达不到机械设备的工艺要求，除考虑软件设计的方法外，还可从以下几个方面寻求解决的途径。

1. 输入输出回路调试

（1）模拟量输入（AI）回路调试。要仔细核对 I/O 模块的地址分配；检查回路供电方式（内供电或外供电）是否与现场仪表相一致；用信号发生器在现场端对每个通道加入信号，通常取 0、50% 和 100% 三点进行检查。对有报警、连锁的 AI 回路，还要对报警连锁值（如高报、低报和连锁点以及精度）进行检查，确认有关报警、连锁状态的正确性。

（2）模拟量输出（AO）回路调试。可根据回路控制的要求，用手动输出（即直接在控制系统中设定）的办法检查执行机构（如阀门开度等），通常也取 0、50% 和 100% 三点进行检查；同时通过闭环控制，检查输出是否满足有关要求。对有报警、连锁的 AO 回路，还要对报警连锁值（如高报、低报和连锁点以及精度）进行检查，确认有关报警、连锁状态的正确性。

（3）开关量输入（DI）回路调试。在相应的现场端短接或断开，检查开关量输入模块对应通道地址的发光二极管的变化，同时检查通道的通、断变化。

（4）开关量输出（DO）回路调试。可通过 PLC 系统提供的强制功能对输出点进行检查。通过强制功能，检查开关量输出模块对应通道地址的发光二极管的变化，同时检查通道的通、断变化。

2. 回路调试注意事项

（1）对开关量输入输出回路，要注意保持状态的一致性原则，通常采用正逻辑原则，即当输入输出带电时，为"ON"状态，数据值为"1"；反之，当输入输出失电时，为"OFF"状态，数据值为"0"。这样，便于理解和维护。

（2）对负载大的开关量输入输出模块应通过继电器与现场隔离，即现场接点尽量不要直接与输入输出模块连接。

（3）使用 PLC 提供的强制功能时，要注意在测试完毕后，应还原状态；在同一时间内，不应对过多的点进行强制操作，以免损坏模块。

3. 控制逻辑功能调试

控制逻辑功能调试，须会同设计、工艺代表和项目管理人员共同完成。要应用处理器的测试功能设定输入条件，根据处理器逻辑检查输出状态的变化是否正确，以确认系统的控制逻辑功能。对所有的连锁回路，应模拟连锁的工艺条件，仔细检查连锁动作的正确性，并做好调试记录和会签确认。

检查工作是对设计控制程序软件进行验收的过程，是调试过程中最复杂、技术要求最高、难度最大的一项工作。特别在有专利技术应用、专用软件等情况下，更要仔细检查其控制的正确性，应留有一定的操作裕度，同时保证工艺操作的正常运作以及系统的安全性、可靠性和灵活性。

4. 处理器性能测试

处理器性能测试要按照系统说明书的要求进行，确保系统具有说明书描述的功能且稳定可靠，包括系统通信、备用电池和其他特殊模块的检查。对有冗余配置的系统必须进行冗余测试。即对冗余设计的部分进行全面的检查，包括电源冗余、处理器冗余、I/O 冗余和通信冗余等。

（1）电源冗余。切断其中一路电源，系统应能继续正常运行，系统无扰动；被断电的电源加电后能恢复正常。

（2）处理器冗余。切断主处理器电源或切换主处理器的运行开关，热备处理器应能自动成为主处理器，系统运行正常，输出无扰动；被断电的处理器加电后能恢复正常并处于备用状态。

（3）I/O 冗余。选择互为冗余、地址对应的输入和输出点，在输入模块施加相同的输入信号，在输出模块连接状态指示仪表。分别通断（或热插拔，如果允许）冗余输入模块和输出模块，检查其状态是否能保持不变。

（4）通信冗余。可通过切断其中一个通信模块的电源或断开一条网络，检查系统能否正常通信和运行；复位后，相应的模块状态应自动恢复正常。

冗余测试，要根据设计要求，对一切有冗余设计的模块都进行冗余检查。此外，对系统功能的检查包括系统自检、文件查找、文件编译和下装、维护信息、备份等功能。对较为复杂的 PLC 系统，系统功能检查还包括逻辑图组态、回路组态和特殊 I/O 功能等内容。

（二）调试内容

1. 扫描周期和响应时间

用 PC 设计一个控制系统时，一个最重要的参数就是时间。PC 执行程序中的所有指令要用多少时间（扫描时间）？有一个输入信号经过 PC 多长时间后才能有一个输出信号（响应时间）？掌握这些参数，对设计和调试控制系统无疑非常重要。当 PC 开始运行之后，它串行地执行存储器中的程序。我们可以把扫描时间分为 4 个部分：①共同部分，例如清除时间监视器和检查程序存储器；②数据输入、输出；③执行指令；④执行外围设备指令。

时间监视器是 PC 内部用来测量扫描时间的一个定时器。所谓扫描时间，是执行上面 4 个部分总共花费的时间。扫描时间的多少取决于系统的购置、I/O 的点数、程序中使用的指令及外围设备的连接。当一个系统的硬件设计定型后，扫描时间主要取决于软件指令的长短。

从 PC 收到一个输入信号到向输出端输出一个控制信号所需的时间，叫响应时间。响应时间是可变的，例如在一个扫描周期结束时，收到一个输入信号，下一个扫描周期一开始，这个输入信号就起作用了。这时，这个输入信号的响应时间最短，它是输入延迟时间、扫描周期时间、输出延迟时间三者的和。如果在扫描周期开始收到了一个输入信号，在扫描周期内该输入信号不会起作用，只能等到下一个扫描周期才能起作用。这时，这个输入信号的响应时间最长，它是输入延迟时间、两个扫描周期的时间、输出延迟时间三者的和。因此，一个信号的最小响应时间和最大响应时间的估算公式为：最小的响应时间 = 输入延迟时间 + 扫描时间 + 输出延迟时间；最大的响应时间 = 延迟时间 +2× 扫描时间 + 输出延迟时间。

从上面的响应时间估算公式可以看出，输入信号的响应时间由扫描周期决定。扫描周期一方面取决于系统的硬件配置，另一方面由控制软件中使用的指令和指令的条数决定。在砌块成型机自动控制系统调试过程中会发生这样的情况：自动推板过程（把砌块从成型台上送到输送机上的过程）要靠成型工艺过程的完成信号来启动，输送砖坯的过程完成同时也是送板的过程完成，随即通知控制系统可以完成下一个成型过程。

单从程序的执行顺序上考察，控制时序的安排是正确的。可是，在调试的过程中发现，系统实际的控制时序是，当第一个成型过程完成后，并不进行自动推板过程，而是直接开始下一个成型过程。遇到这种情况，设计者和用户的第一反应一般都是怀疑程序设计错误。经反复检查程序，并未发现错误，这时才考虑到可能是指令的响应时间产生了问题。砌块成型机的控制系统是一个庞大的系统，其软件控制指令达五六百条。分析上面的梯形图，成型过程的启动信号置位，成型过程开始记忆，控制开始下一个成型过程。而下一个成型过程启动信号，由上一个成型过程的结束信号和有板信号产生。这时，就将产生这样的情况，在某个扫描周期内扫描到HR002信号，在执行置位推板记忆时，该信号没有响应，启动了成型过程。系统实际运行的情况是，时而工作过程正常，时而是当上一个成型过程结束时不进行推板过程，直接进行下一个成型过程，这可能是由于输入信号的响应时间过长引起的。在这种情况下，由于硬件配置不能改变，指令条数也不可改变，所以在处理过程中，要设法在软件上做调整，使成型过程结束信号早点发出，问题便得到了解决。

2. 软件复位

在PLC程序设计中最常使用的一种是称为保持继电器的内部继电器。PLC的保持继电器从HR000到HR915，共10×16个。另一种是定时器或计数器，从TIM00到TIM47（CNT00到CNT47）共48个（不同型号的PLC保持继电器，定时器的点数不同），其中，保持继电器实现的是记忆功能，记忆着机械系统的运转状况、控制系统运转的正常时序。在时序的控制上，为实现控制的安全性、及时性、准确性，通常采用当一个机械动作完成时，其控制信号（由保持继电器产生）用来终止上一个机械动作的同时，启动下一个机械动作的控制方法。考虑到非法停机时保持继电器和时间继电器不能正常被复位的情况，在开机前，如果不强制使保持继电器复位，将会产生机械设备的误动作。系统设计时，通常采用的方法是设置硬件复位按钮，需要的时候，能够使保持继电器、定时器、计数器、高速计数器强制复位。在控制系统的调试中发现，如果使用保持继电器、定时器、计数器、高速计数器次数过多，硬件复位的功能很多时候会不起作用，也就是说，硬件复位的方法有时不能准确、及时地使 PLC 的内部继电器、定时器、计数器复位，从而导致控制系统不能正常运转。为了确保系统的正常运转，在调试过程中，人为地设置软件复位信号作为内部信号，可确保保持继电器有效复位，使系统在任何情况下均正常运转。

3. 硬件电路

PLC 组成的控制系统硬件电路当一个两线式传感器，例如光电开关、接近开关或限位开关等，作为输入信号装置被接到 PLC 的输入端时，漏电流可能会导致输入信号为 ON，在系统调试中，如果偶尔产生误动作，有可能是漏电流产生的错误信号引起的。为了防止这种情况发生，在设计硬件电路时，可在输入端接一个并联电阻。其中，不同型号的 PLC 漏电流值可查阅厂商提供的产品手册。在硬件电路上做这样的处理，可有效地避免由于漏电流产生的误动作。

三、PLC 控制系统程序调试

PLC 控制系统程序调试一般包括 I/O 端子测试和系统调试两部分内容，良好调试步骤有利于加速总装调试过程

（一）I/O 端子测试

用手动开关暂时代替现场输入信号，以手动方式逐一对 PLC 输入端子进行检查、验证，PLC 输入端子指示灯点亮，表示正常；反之，应检查接线是 I/O 点坏。

我们可以编写一个小程序，输出电源良好情况下，检查所有 PLC 输出端子指示灯是否全亮。PLC 输入端子指示灯点亮，表示正常；反之，应检查接线是 I/O 点坏。

（二）系统调试

系统调试应首先按控制要求将电源、外部电路与输入输出端连接好，然后装载程序于 PLC 中，运行 PLC 进行调试。将 PLC 与现场设备连接。正式调试前全面检查整个 PLC 控制系统，包括电源、接线、设备连接线、I/O 连线等。保证整个硬件连接在正确无误情况下即可送电。

把 PLC 控制单元工作方式设置为"RUN"开始运行。反复调试消除可能出现的各种问题。调试过程中也可以根据实际需求对硬件做适当修改以配合软件调试。应保持足够长的运行时间使问题充分暴露并加以纠正。调试中多数是控制程序问题，一般分以下几步进行：对每一个现场信号和控制量做单独测试；检查硬件／修改程序；对现场信号和控制量做综合测试；带设备调试；调试结束。

四、PLC 控制系统安装调试步骤

合理安排系统安装与调试程序，是确保高效优质地完成安装与调试任务的关键。经过现场检验并进一步修改后的步骤如下：

（一）前期技术准备

系统安装调试前的技术工作准备的是否充分对安装与调试的顺利与否起着至关重要的作用。前期技术准备工作包括以下几个内容：

1. 熟悉 PC 随机技术资料、原文资料，深入理解其性能功能及各种操作要求，制订操作规程。

2. 深入了解设计资料，对系统工艺流程，特别是工艺对各生产设备的控制要求要吃透，做到这两点，才能按照子系统绘制工艺流程连锁图、系统功能图、系统运行逻辑框图，这将有助于对系统运行逻辑的深刻理解，是前期技术准备的重要环节。

3. 熟悉掌握各工艺设备的性能、设计与安装情况，特别是各设备的控制与动力接线图，将图纸与实物相对照，以便于及时发现错误并快速纠正。

4. 在吃透设计方案与 PC 技术资料的基础上，列出 PC 输入输出点号表（包括内部线圈一览表，I/O 所在位置，对应设备及各 I/O 点功能）。

5. 研读设计提供的程序，将逻辑复杂的部分输入、输出点绘制成时序图，在绘制时序图时会发现一些设计中的逻辑错误，这样方便及时调整并改正。

6. 对分子系统编制调试方案，然后在集体讨论的基础上将子系统调试方案综合起来，成为全系统调试方案。

（二）PLC 商检

商检应由甲乙双方共同进行，应确认设备及备品、备件、技术资料、附件等的型号、数量、规格，其性能是否完好待实验现场调试时验证。对于商检结果，双方应签署交换清单。

（三）实验室调试

1. PLC 的实验室安装与开通制作金属支架，将各工作站的输入输出模块固定其上，按安装提要将各站与主机、编程器、打印机等相连接起来，并检查接线是否正确，在确定供电电源等级与 PLC 电压选择相符合后，按开机程序送电，装入系统配置带，确认系统配置，装入编程器装载带、编程带等，按照操作规则将系统开通，此时即可进行各项试验的操作。

2. 键入工作程序：在编程器上输入工作程序。

3. 模拟 I/O 输入、输出，检查修改程序。本步骤的目的在于验证输入的工作程序是否正确，该程序的逻辑所表达的工艺设备的连锁关系是否与设计的工艺控制要求相符合，程序在运行过程中是否畅通。若不相符或不能运行完成全过程，说明程序有错误，应及时进行修改。在这一过程中，对程序的理解将会进一步加深，为现场调试做好充足的准备，同时也可以发现程序不合理和不完善的部分，以便于进一步优化与完善。

调试方法有两种：

（1）模拟方法：按设计做一块调试版，以钮子开关模拟输入节点，以小型继电器模拟生产工艺设备的继电器与接触器，其辅助接点模拟设备运行时的返回信号节点。其优点是具有模拟的真实性，可以反映出开关速度差异很大的现场机械触点和 PLC 内的电子触点相互连接时，是否会发生逻辑误动作；其缺点是需要增加调试费用和部分调试工作量。

（2）强置方法：利用 PLC 强置功能，对程序中涉及现场的机械触点（开关），以强置的方法使其"通""断"，迫使程序运行。其优点是调试工作量小，简便，无须另外增加费用。缺点是逻辑验证不全面，人工强置模拟现场节点"通""断"，会造成程序运行不能连续，只能分段进行，根据我们现场调试的经验，对部分重要的现场节点采取模拟方式，其余的采用强置方式，取二者之长互补。

逻辑验证阶段要强调逐日填写调试工作日志，内容包括调试人员、时间、调试内容、修改记录、故障及处理、交接验收签字，以建立调试工作责任制，留下调试的第一手资料。

对于设计程序的修改部分，应在设计图上注明，及时征求设计者的意见，力求准确体现设计要求。

（四）PLC 的现场安装与检查

实验室调试完成后，待条件成熟，将设备移至现场安装。安装时应符合要求，插件插入牢靠，并用螺栓紧固；通信电缆要统一型号，不能混用，必要时要用仪器检查线路信号衰减量，其衰减值不超过技术资料提出的指标；测量主机、I/O 柜、连接电缆等的对地绝缘电阻；测量系统专用接地的接地电阻；检查供电电源等等，并做好记录，待确认所有各项均符合要求后，才可通电开机。

（五）现场工艺设备接线、I/O 接点及信号的检查与调整

对现场各工艺设备的控制回路、主回路接线的正确性进行检查并确认，在手动方式下进行单体试车；对进行 PLC 系统的全部输入点（包括转换开关、按钮、继电器与接触器触点、限位开关、仪表的位式调节开关等）及其与 PLC 输入模块的连线进行检查并反复操作，确认其正确性；对接收 PLC 输出的全部继电器、接触器线圈及其他执行元件及它们与输出模块的连线进行检查，确认其正确性；测量并记录其回路电阻、对地绝缘电阻，必要时应按输出节点的电源电压等级，向输出回路供电，以确保输出回路未短路；否则，当输出点向输出回路送电时，会因短路而烧坏模块。

一般来说，大中型 PLC 如果装上模拟输入输出模块，还可以接收和输出模拟量。在这种情况下，要对向 PLC 输送模拟输入信号的检测或变送元件，以及接收 PLC 模拟输出信号的调节或执行装置进行检查，确认其正确性。必要时，还应向检测与变送装置送入模拟输入量，以检验其安装的正确性及输出的模拟量是否正确以及是否符合 PLC 所要求的标准；向接收 PLC 模拟输出信号的调节或执行元件，送入与 PLC 模拟量相同的模拟信号，检查调

节可执行装置能否正常工作。装上模拟输入与输出模块的PLC，可以对生产过程中的工艺参数（模拟量）进行监测，按设计方案预定的模型进行运算与调节，实行生产工艺流程的过程控制。

本步骤至关重要，检查与调整过程复杂且麻烦，必须认真对待。因为只要所有外部工艺设备完好，所有送入PLC的外部节点正确、可靠、稳定，所有线路连接无误，加上程序逻辑验证无误，则进入联动调试时，就能一举成功，收到事半功倍的效果。

（六）系统模拟联动空投试验

本步骤的试验目的是将经过实验室调试的PLC机及逻辑程序，放到实际工艺流程中，通过现场工艺设备的输入、输出节点及连接线路进行系统运行的逻辑验证。

试验时，将PLC控制的工艺设备（主要指电力拖动设备）主回路断开二相（仅保留作为继电控制电源的一相），使其在送电时不会转动。按设计要求对子系统的不同运转方式及其他控制功能，逐项进行系统模拟实验，先确认各转换开关、工作方式选择开关、其他预置开关的正确位置，然后通过PLC起动系统，按连锁顺序观察并记录PLC各输出节点所对应的继电器、接触器的吸合与断开情况，以及其顺序、时间间隔、信号指示等是否与设计的工艺流程逻辑控制要求相符，观察并记录其他装置的工作情况。对模拟联动空投试验中不能动作的执行机构，料位开关、限位开关、仪表的开关量与模拟量输入、输出节点，与其他子系统的连锁等，视具体情况采用手动辅助、外部输入、机内强置等手段加以模拟，以协助PLC指挥整个系统按设计的逻辑控制要求运行。

（七）PLC控制的单体试车

本步骤试验的目的是确认PCL输出回路能否驱动继电器、接触器的正常接通，而使设备运转，并检查运转后的设备，其返回信号是否能正确送入PLC输入回路，限位开关能否正常动作。

其方法是，在PLC控制下，机内强置对应某一工艺设备（电动机、执行机构等）的输出节点，使其继电器、接触器动作，设备运转。这时应观察并记录设备运输情况，检查设备运转返回信号及限位开关、执行机构的动作是否正确无误。

试验时应特别注意，被强置的设备应悬挂运转危险指示牌，设专人值守。待机旁值守人员发出起动指令后，PLC操作人员才能强置设备起动。应当特别重视的是，在整个调试过程中，如果没有充分的准备，绝不允许采用强置方法起动设备，以确保安全。

（八）PLC控制下的系统无负荷联动试运转

本步骤的试验目的是确认经过单体无负荷试运行的工艺设备与经过系统模拟试运行证明逻辑无误的PLC连接后，能否按工艺要求正确运行，信号系统是否正确，检验各外部节点的可靠性、稳定性。试验前，要编制系统无负荷联动试车方案，讨论确认后严格按方案执行。试验时，先子系统联动，子系统的连锁用人工辅助（节点短接或强置），然后进行全系统联动，试验内容应包括设计要求的各种起停和运转方式、事故状态与非常状态下的停车、各种信号等。总之，应尽可能地充分设想，使之更符合现场实际情况。事故状态可用强置方法模拟，事故点的设置要根据工艺要求确定。

在联动负荷试车前，一定要再对全系统进行一次全面检查，并对操作人员进行培训，确保系统联动负荷试车一次性成功。

五、PLC 控制系统安装调试中的问题

（一）信号衰减问题的讨论

1. 从 PLC 主机至 I/O 站的信号最大衰减值为 35dB，因此，电缆敷设前应仔细规划，画出电缆敷设图，尽量缩短电缆长度（长度每增加 1km，信号衰减 0.8dB）；尽量少用分支器（每个分支器信号衰减 14dB）和电缆接头（每个电缆接头信号衰减 1dB）。

2. 通信电缆最好采用单总线方式敷设，即由统一的通信干线通过分支器接 I/O 站，而不是呈星状放射状敷设。PLC 主机左右两边的 I/O 站数及传输距离应尽可能一致，这样能保证一个较好的网络阻抗匹配。

3. 分支器应尽可能靠近 I/O 站，以减少干扰。

4. 通信电缆末端应接 75Ω 电阻的 BNC 电缆终端器，与各 I/O 柜相连接，将电缆由 I/O 柜拆下时，带 75Ω 电阻的终端头应连在电缆网络的一头，以保持良好的匹配。

5. 通信电缆与高压电缆间距至少应保证 40cm/kV；必须与高压电缆交叉时，必须垂直交叉。

6. 通信电缆应避免与交流电源线平行敷设，以减少交流电源对通信的干扰。同理，通信电缆应尽量避开大电机、电焊机、大电感器等设备。

7. 通信电缆敷设要避开高温及易受化学腐蚀的地区。

8. 电缆敷设时要按 0.05%/℃留有余地，以满足热胀冷缩的要求。

9. 所有电缆接头、分支器等均应连接紧密，用螺钉紧固。

10. 剥削电缆外皮时，切忌损坏屏蔽层，切断金属箔与绝缘体时，一定要用专用工具剥线，切忌刻伤损坏中心导线。

（二）系统接地问题的讨论

1. 主机及各分支站以上的部分，应用 10mm 的编织铜线汇接在一起经单独引下线接至独立的接地网，一定要与低压接地网分开，以避免干扰。系统接地电阻应小于 4Ω，PLC 主机及各屏、柜与基础底座间要垫 3mm 厚橡胶使之绝缘，螺栓也要经过绝缘处理。

2. I/O 站设备本体的接地应用单独的引下线引至共用接地网。

3. 通信电缆屏蔽层应在 PLC 主机侧 I/O 处理模块处一起汇集接到系统的专用接地网，在 I/O 站一侧则不应接地。电缆接头的接地也应通过电缆屏蔽层接至专用接地网。要特别提醒的是决不允许电缆屏蔽层有二点接地形成闭合回路，否则易产生干扰。

4. 电源应采用隔离方式，即电源中性线接地，这样尚不平衡电流出现时将经电源中性线直接进入系统中性点，而不会经保护接地形成回路，造成对 PLC 运行的干扰。

5. I/O 模块的接地接至电源中性线上。

（三）调试中应注意的问题

1. 系统联机前要进行组态，即确定系统管理的 I/O 点数、输入寄存器数、保持寄存器数、通信端口数及其参数、I/O 站的匹配及其调度方法、用户占用的逻辑区大小，等等。组态一经确认，系统便按照一定的约束规则运行。重新组态时，按原组态的约定生成的程序将不能在新的组态下运行，否则会引起系统紊乱，这是要特别引起重视的。因此，第一次组态时须十分慎重，I/O 站、I/O 点数、寄存器数、通信端口数、用户存储空间等均要留有余地，以考虑近期的发展。但是，I/O 站、I/O 点数、寄存器数、端口数等的设置，都要占用一定的内存，同时延长扫描时间，降低运行速度；故此，余量又不能留得太多。特别要引起注意的是运行中的系统不能重新组态。

2. 对于大中型 PLC 机来说，由于 CPU 对程序的扫描是分段进行的，每段程序分段扫描完毕，即更新一次 I/O 点的状态，因而大大提高了系统的实时性。但是，若程序分段不当，也可能引起实时性降低或运行速度减慢的问题。分段不同将显著影响程序运行的时间，个别程序段特长的情况尤其如此。一般地说，理想的程序分段是各段程序有大致相当的长度。

第四节　PLC 的通信及网络

一、PLC 通信概述

（一）PLC 通信介质

通信介质就是在通信系统中位于发送端与接收端之间的物理通路。通信介质一般可分为导向性和非导向性介质两种。导向性介质有双绞线、同轴电缆和光纤等，这种介质将引导信号的传播方向；非导向性介质一般通过空气传播信号，它不为信号引导传播方向，如短波、微波和红外线通信等。

1. 双绞线

双绞线是计算机网络中最常用的一种传输介质，一般包含 4 个双绞线对，两根线连接在一起是为了防止其电磁感应在邻近线对中产生干扰信号。双绞线分为屏蔽双绞线STP和非屏蔽双绞线UTP，非屏蔽双绞线有线缆外皮作为屏蔽层，适用于网络流量不大的场合中。屏蔽式双绞线具有一个金属甲套，对电磁干扰EMI（Electromagnetic Interference）具有较强的抵抗能力，比较适用于网络流量较大的高速网络协议应用。

双绞线由两根具有绝缘保护层的22号、26号绝缘铜导线相互缠绕而成。把两根绝缘的铜导线按一定密度互相绞在一起，这种方法可以降低信号的干扰。每一组导线在传输中辐射的电波会相互抵消，以此降低电波对外界的干扰。把一对或多对双绞线放在一个绝缘套管中便成了双绞线电缆。在双绞线电缆内，不同线对有不同的扭绞长度，一般地说，扭绞长度在114cm内并按逆时针方向扭绞，相邻线对的扭绞长度在12.7cm以上。与其他传输介质相比，双绞线在传输距离、信道宽度和数据传输速度等方面均受到一定限制，但价格较为低廉。

在双绞线上传输的信号可以分为共模信号和差模信号，在双绞线上传输的语音信号和数据信号都属于差模信号的形式，而外界的干扰，例如线对间的串扰、线缆周围的脉冲噪声或者附近广播的无线电电磁干扰等属于共模信号。在双绞线接收端，变压器及差分放大器会将共模信号消除掉，而双绞线的差分电压会被当作有用信号进行处理。

作为最常用的传输介质，双绞线具有以下特点：

（1）能够有效抑制串扰噪声。和早期用来传输电报信号的金属线路相比，双绞线的共模抑制机制，在各个线对之间采用不同的绞合度可以有效消除外界噪声的影响并抑制其他线对的串音干扰，双绞线低成本地提高了电缆的传输质量。

（2）双绞线易于部署。线缆表面材质为聚乙烯等塑料，具有良好的阻燃性和较轻的重量，而且内部的铜质电缆的弯曲度很好，可以在不影响通信性能的基础上做到较大幅度的弯曲。双绞线这种轻便的特征，使其便于部署。

（3）传输速率高且利用率高。目前广泛部署的五类线传输速度达到100Mbps，并且还有相当潜力可以挖掘。在基于电话线的DSL技术中，电话线上可以同时进行语音信号和宽带数字信号的传输，互不影响，大大提高了线缆的利用率。

（4）价格低廉。目前双绞线线缆已经具有相当成熟的制作工艺，无论是同光纤线缆还是同轴电缆相比，双绞线都可以说是价格低廉且购买容易。因为双绞线的这种价格优势，它能够做到在不过多影响通信性能的前提下有效地降低综合布线工程的成本，这也是它被广泛应用的一个重要原因。

2. 同轴电缆

同轴电缆是局域网中最常见的传输介质之一。它是由相互绝缘的同轴心导体构成的电缆：内导体为铜线，外导体为铜管或铜网。圆筒式的外导体套在内导体外面，两个导体间用绝缘材料互相隔离，外层导体和中心铂芯线的圆心在同一个轴心上，同轴电缆因此而得名。同轴电缆之所以设计成这样，是为了将电磁场封闭在内外导体之间，减少辐射损耗，防止外界电磁波干扰信号的传输。常用于传送多路电话和电视。同轴电缆的组成：同轴电缆主要由四部分组成，包括铜导线、塑料绝缘层、编织屏蔽层、外套。同轴电缆以一根硬的铜线为中心，中心铜线又用一层柔韧的塑料绝缘体包裹。塑料绝缘体外面又有一片铜编织物或金属箔片包裹着，这层纺织物或金属箔片相当于同轴电缆的第二根导线，最外面的是电缆的外套。同轴电缆用的接头叫作间制电缆接插头。

目前得到广泛应用的同轴电缆主要有 50Ω 电缆和 75Ω 电缆两类。50Ω 电缆用于基带数字信号传输，又称基带同轴电缆。电缆中只有一个信道，数据信号采用曼彻斯特编码方式，数据传输速率可达 10Mbps，这种电缆主要用于局域以太网。75Ω 电缆是 CATV 系统使用的标准，它既可用于传输宽带模拟信号，也可用于传输数字信号。对于模拟信号而言，其工作频率可达 400MHz。若在这种电缆上使用频分复用技术，则可以使其同时具有大量的信道，每个信道都能传输模拟信号。

同轴电缆曾经广泛应用于局域网，它的主要优点如下：与双绞线相比，它在长距离数据传输时所需要的中继器更少。

它比非屏蔽双绞线贵，但比光缆便宜。然而同轴电缆要求外导体层妥善接地，这加大了安装难度。正因如此，虽然它有独特的优点，现在也不再被广泛应用于以太网。

3. 光纤

光纤是一种传输光信号的传输媒介。光纤的结构：处于光纤最内层的纤芯是一种横截面积很小、质地脆、易断裂的光导纤维，制造这种纤维的材料既可以是玻璃也可以是塑料，纤芯的外层裹有一个包层，它由折射率比纤芯小的材料制成。正是由于在纤芯与包层之间存在折射率的差异，光信号才得以通过全反射在纤芯中不断向前传播。在光纤的最外层则是起保护作用的外套。通常都是将多根光纤扎成束并裹以保护层制成多芯光缆。

从不同的角度考虑，光纤有多种分类方式。根据制作材料的不同，光纤可分为石英光纤、塑料光纤、玻璃光纤等；根据传输模式不同，光纤可分为多模光纤和单模光纤；根据纤芯折射率的分布不同，光纤可分为突变型光纤和渐变型光纤；根据工作波长的不同，光纤可分为短波长光纤、长波长光纤和超长波长光纤。

单模光纤的带宽最宽，多模渐变光纤次之，多模突变光纤的带宽最窄；单模光纤适于大容量远距离通信，多模渐变光纤适于中等容量中等距离的通信，而多模突变光纤只适于小容量的短距离通信。

在实际光纤传输系统中，还应配置与光纤配套的光源发生器件和光检测器件。目前最常见的光源发生器件是发光二极管（LED）和注入激光二极管（ILD），光检测器件是在接收端能够将光信号转化成电信号的器件，目前使用的光检测器件有光电二极管（PIN）和雪崩光电二极管（APD），光电二极管的价格较便宜，然而雪崩光电二极管却具有较高的灵敏度。

与一般的导向性通信介质相比，光纤具有以下优点：

（1）光纤支持很宽的带宽，其范围大约在1014～1015Hz之间，这个范围覆盖了红外线和可见光的频谱。

（2）具有很快的传输速率,当前限制其所能实现的传输速率的因素来自信号生成技术。

（3）光纤抗电磁干扰能力强，由于光纤中传输的是不受外界电磁干扰的光束，而光束本身又不向外辐射，因此它适用于长距离的信息传输及安全性要求较高的场合。

（4）光纤衰减较小，中继器的间距较大。采用光纤传输信号时，在较长距离内可以不设置信号放大设备，从而减少了整个系统中继器的数目。

当然光纤也存在一些缺点，如系统成本较高、不易安装与维护、质地脆易断裂等。

（二）PLC数据通信方式

1. 并行通信与串行通信

数据通信主要有并行通信和串行通信两种方式：

并行通信是以字节或字为单位的数据传输方式，除了8根或16根数据线、一根公共线外，还需要数据通信联络用的控制线。并行通信的传送速度非常快，但是由于传输线的根数多，导致成本高，一般用于近距离的数据传送。并行通信一般位于PLC的内部，如PLC内部元件之间、PLC主机与扩展模块之间或近距离智能模块之间的数据通信。

串行通信是以二进制的位（bit）为单位的数据传输方式，每次只能够传送一位，除了地线外，在一个数据传输方向上只需要一根数据线，这根线既作为数据线又作为通信联络控制线，数据和联络信号在这根线上按位进行传送。串行通信需要的信号线很少，最少的只需要两三根线，比较适用于距离较远的场合。计算机和PLC都备有通用的串行通信接口，通常在工业控制中一般使用串行通信。串行通信多用于PLC与计算机之间、多台PLC之间的数据通信。

在串行通信中，传输速率常用比特率（每秒传送的二进制位数）来表示，其单位是比特/秒（bit/s）或bps，传输速率是评价通信速度的重要指标。常用的标准传输速率有300bps、600bps、1200bps、2400bps、4800bps、9600bps和19200bps等。不同的串行通信的传输速率差别极大，有的只有数百bps，有的可达100Mbps。

2. 单工通信与双工通信

串行通信按信息在设备间的传送方向又分为单工、双工两种方式。

单工通信方式只能沿单一方向发送或接收数据。双工通信方式的信息可沿两个方向传送，每一个站既可以发送数据，也可以接收数据。

双工方式又分为全双工和半双工两种方式。数据的发送和接收分别由两根或两组不同的数据线传送，通信的双方都能在同一时刻接收和发送信息，这种传送方式称为全双工方式；用同一根线或同一组线接收和发送数据，通信的双方在同一时刻只能发送数据或接收数据，这种传送方式称为半双工方式。在PLC通信中常采用半双工和全双工通信。

3. 异步通信与同步通信

在串行通信中，通信的速率与时钟脉冲有关，接收方和发送方的传送速率应相同，但是实际的发送速率与接收速率之间总是存在一些微小的差别，如果不采取一定的措施，在连续传送大量的信息时，将会因积累误差造成错位，使接收方收到错误的信息。为了解决这一问题，需要使发送和接收同步。按同步方式的不同，可将串行通信分为异步通信和同步通信。

异步通信的信息格式是发送的数据字符由一个起始位、7～8个数据位、1个奇偶校验位（可以没有）和停止位（1位、1.5位或2位）组成。通信双方需要对所采用的信息格式和数据的传输速率作相同的约定。接收方检测到停止位和起始位之间的下降沿后，将它作为接收的起始点，在每一位的中点接收信息。由于一个字符中包含的位数不多，即使发送方和接收方的收发频率略有不同，也不会因两台机器之间的时钟周期的误差积累而导致错位。异步通信传送附加的非有效信息较多，它的传输效率较低，一般用于低速通信，PLC一般使用异步通信。

同步通信以字节为单位（一个字节由8位二进制数组成），每次传送1～2个同步字符、若干个数据字节和校验字符。同步字符起联络作用，用它来通知接收方开始接收数据。在同步通信中，发送方和接收方要保持完全的同步，这意味着发送方和接收方应使用同一时钟脉冲。在近距离通信时，可以在传输线中设置一根时钟信号线。在远距离通信时，可以在数据流中提取出同步信号，使接收方得到与发送方完全相同的接收时钟信号。由于同步通信方式不需要在每个数据字符中加起始位、停止位和奇偶校验位，只需要在数据块（往往很长）之前加一两个同步字符，所以传输效率高，但是对硬件的要求较高，一般用于高速通信。

（三）数据通信形式

1. 基带传输

基带传输是按照数字信号原有的波形（以脉冲形式）在信道上直接传输的方式，它要求信道具有较宽的通频带。基带传输不需要调制解调，设备花费少，适用于较小范围的数据传输。基带传输时，通常要对数字信号进行一定的编码，常用数据编码方法包括非归零码NRZ、曼彻斯特编码和差动曼彻斯特编码等。后两种编码不含直流分量、包含时钟脉冲、便于双方自动同步，所以应用非常广泛。

2. 频带传输

频带传输是一种采用调制解调技术的传输方式。通常由发送端采用调制手段，对数字信号进行某种变换，将代表数据的二进制"1"和"0"，转换成具有一定频带范围的模拟信号，以便于在模拟信道上传输；接收端通过解调手段进行相反变换，把模拟的调制信号复原为"1"和"0"，常用的调制方法有频率调制、振幅调制和相位调制。具有调制、解调功能的装置称为调制解调器，即 Modem，频带传输较复杂，传送距离较远，若通过市话系统配备 Modem，则传送距离将不会受到限制。

在 PLC 通信中，基带传输和频带传输两种传输形式都是常见的数据传输方式，但是大多采用基带传输。

（四）数据通信接口

1. RS-232C 通信接口

RS-232C 是由 RS-232 发展而来，是美国电子工业联合会（EIC）在 1969 年公布的通信协议，至今仍在计算机和其他相关设备通信中得到广泛使用。当通信距离较近时，通信双方可以直接连接，在通信中不需要控制联络信号，只需要 3 根线，即发送线（TXD）、接收线（RXD）和信号地线（GND），便可以实现全双工异步串行通信。工作在单端驱动和单端接收电路。计算机通过 TXD 端子向 PLC 的 RXD 发送驱动数据，PLC 的 TXD 接收数据后返回到计算机的 RXD 数，由系统软件通过数据线传输数据；如"三菱"PLC 的设计编程软件 FXGP/WIN-C 和"西门子"PLC 的 STEP7-Micro/WIN32 编程软件等可方便实现系统控制通信。其工作方式简单，RXD 为串行数据接收信号，TXD 为串行数据发送信号，GND 为接地连接线。其工作方式是串行数据从计算机 TXD 输出，PLC 的 RXD 端接收到串行数据同步脉冲，再由 PLC 的 TXD 端输出同步脉冲到计算机的 RXD 端，反复同时保持通信。从而实现全双工数据通信。

2. RS-422A/RS-485 通信接口

RS-422A 采用平衡驱动、差分接收电路，从根本上取消信号地线。平衡驱动器相当于两个单端驱动器，其输入信号相同，两个输出信号互为反相信号。外部输入的干扰信号是以共模方式出现的，两根传输线上的共模干扰信号相同，因此接收器差分输入，共模信号可以互相抵消。只要接收器有足够的抗共模干扰能力，就能从干扰信号中识别出驱动器输出的有用信号，从而克服外部干扰影响。在 RS-422A 工作模式下，数据通过 4 根导线传送，因此，RS-422A 是全双工工作方式，在两个方向同时发送和接收数据。两对平衡差分信号线分别用于发送和接收。

RS-485 是在 RS-422A 的基础上发展而来的，RS-485 许多规定与 RS-422A 相仿；RS-485 为半双工通信方式，只有一对平衡差分信号线，不能同时发送和接收数据。使用 RS-485 通信接口和双绞线可以组成串行通信网络。工作在半双工的通信方式，数据可以在两个方向上传送，但是同一时刻只限于一个方向传送。计算机端发送 PLC 端接收，或者 PLC 端发送计算机端接收。

3. RS-232C/RS-422A（RS-485）接口应用

（1）RS-232/232C，RS-232 数据线接口简单方便，但是传输距离短，抗干扰能力差。为了弥补 RS-232 的不足，改进发展成为 RS-232C 数据线，典型应用有：计算机与 Modem 的接口，计算机与显示器终端的接口，计算机与串行打印机的接口等。主要用于计算机之间通信，也可用于小型 PLC 与计算机之间通信，如三菱 PLC 等。

（2）RS-422/422A，RS-422A 是 RS-422 的改进数据接口线，数据线的通信口为平衡驱动，差分接收电路，传输距离远，抗干扰能力强，数据传输速率高等，广泛用于小型 PLC 接口电路，如与计算机链接。小型控制系统中的可编程序控制器除了使用编程软件外，一般不需要与别的设备通信，可编程控制器的编程接口一般是 RS-422A 或 RS-485，用于与计算机之间的通信；而计算机的串行通信接口是 RS-232C，编程软件与可编程控制器交换信息时需要配接专用的带转接电路的编程电缆或通信适配器。网络端口通信，如主站点与从站点之间、从站点与从站点之间的通信可采用 RS-485。

（3）RS-485 是在 RS-422A 基础上发展而来的，主要特点：①传输距离远，一般为 1200m，实际可达 3000m，可用于远距离通信。②数据传输速率高，可达 10Mbit/s；接口采用屏蔽双绞线传输。注意平衡双绞线的长度与传输速率成反比。③接口采用平衡驱动器和差分接收器的组合，抗共模干扰能力增强，即抗噪声干扰性能好。④RS-485 接口在总线上允许连接多达 128 个收发器，即具有多站网络能力。注意，如果 RS-485 的通信距离大于 20m 时，且出现通信干扰现象时，要考虑对终端匹配电阻的设置问题。RS-485 由于性能优越被广泛用于计算机与 PLC 数据通信，除普通接口通信外，还有如下功能：一是作为 PPI 接口，用于 PG 功能、HMI 功能 TD200 OP S7-200 系列 CPU/CPU 通信。二是作为 MPI 从站，用于主站交换数据通信。三是作为中断功能的自由可编程接口方式用于同其他外部设备进行串行数据交换等。

二、PLC 网络的拓扑结构及通信协议配置

（一）控制系统模型简介

PLC 制造厂常常用金字塔 PP（Productivity Pyramid）结构来描述它的产品所提供的功能，表明 PLC 及其网络在工厂自动化系统中，由上到下，在各层都发挥着作用。这些金字塔的共同点是：上层负责生产管理，底层负责现场控制与检测，中间层负责生产过程的监控及优化。

国际标准化组织（ISO）对企业自动化系统的建模进行了一系列的研究，提出了 6 级模型。它的第 1 级为检测与执行器驱动，第 2 级为设备控制，第 3 级为过程监控，第 4 级为车间在线作业管理，第 5 级为企业短期生产计划及业务管理，第 6 级为企业长期经营决策规划。

（二）PLC 网络的拓扑结构

由于 PLC 各层对通信的要求相差很远，所以只有采用多级通信子网，构成复合型拓扑结构，在不同级别的子网中配置不同的通信协议，才能满足各层对通信的要求。而且采用复合型结构不仅使通信具有适应性，而且具有良好的可扩展性，用户可以根据投资和生产的发展，从单台 PLC 到网络，从底层向高层逐步扩展。

（三）PLC 网络各级子网通信协议配置规律

通过典型 PLC 网络的介绍，可以看到 PLC 各级子网通信协议的配置规律如下：

1. PLC 网络通常采用 3 级或 4 级子网构成的复合型拓扑结构，各级子网中配置不同的通信协议，以适应不同的通信要求。

2. PLC 网络中配置的通信协议有两类：一类是通用协议，一类是专用协议。

3. 在 PLC 网络的高层子网中配置的通用协议主要有两种：

一种是 MAP 规约（MAP3.0），一种是 Ethernet 协议，这反映 PLC 网络标准化与通用化的趋势。PLC 间的互联、PLC 网与其他局域网的互联将通过高层协议进行。

4. 在 PLC 网络的低层子网及中间层子网采用专用协议，其最底层用于传递过程数据及控制命令，这种信息很短，对实时性要求较高，常采用周期 I/O 方式通信；中间层负责传递监控信息，信息长度居于过程数据和管理信息之间，对实时性要求比较高，其通信协议常采用令牌方式控制通信，也可采用主从式控制通信。

5. 个人计算机加入不同级别的子网，必须根据所联入的子网要求配置通信模板，并按照该级子网配置的通信协议编制用户程序，一般在 PLC 中无须编制程序。对于协议比较复杂的子网，可购置厂家提供的通信软件装入个人计算机中，将使用户通信程序的编制变得比较简单方便。

6. PLC 网络低层子网对实时性要求较高，通常只有物理层、链路层、应用层；而高层子网传送管理信息，与普通网络性质接近，但考虑到异种网互联，因此，高层子网的通信协议大多为 7 层。

（三）PLC 通信方法

在 PLC 及其网络中存在两大类通信：一类是并行通信，另一类是串行通信。并行通信一般发生在 PLC 内部，它指的是多处理器之间的通信，以及 PLC 中 CPU 单元与各智能模板的 CPU 之间的通信。本文主要讲述 PLC 网络的串行通信，PLC 网络从功能上可以分为 PLC 控制网络和 PLC 通信网络。PLC 控制网络只传送 ON/OFF 开关量，且一次传送的数据量较少。如 PLC 的远程 I/O 链路，通过 Link 区交换数据的 PLC 同位系统。它的特点是尽管要传送的开关量远离 PLC，但 PLC 对它们的操作，就像直接对自己的 I/O 区操作一样简单、方便、迅速。PLC 通信网络又称为高速数据公路，这类网络传递开关量和数字量，一次传递的数据量较大，它类似于普通局域网。

1."周期 I/O 方式"通信

PLC 的远程 I/O 链路就是一种 PLC 控制网络，在远程 I/O 链路中采用"周期 I/O 方式"交换数据。远程 I/O 链路按主从方式工作，PLC 的远程 I/O 主单元在远程 I/O 链路中担任主站，其他远程 I/O 单元皆为从站。主站中负责通信的处理器采用周期扫描方式，按顺序与各从站交换数据，把与其对应的命令数据发送给从站，同时，在从站中读取数据。

2."全局 I/O 方式"通信

全局 I/O 方式是一种共享存储区的串行通信方式，它主要用于带有连接存储区的 PLC 之间的通信。

在 PLC 网络的每台 PLC 的 I/O 区中各划出一块来作为链接区，每个链接区都采用邮箱结构。相同编号的发送区与接受区大小相同，占用相同的地址段，一个为发送区，其他皆为接收区。采用广播方式通信。PLC1 把 1# 发送区的数据在 PLC 网络上广播，PLC2、PLC3 把它接收下来存在各自的 # 接收区中；PLC2 把 2# 发送区的数据在 PLC 网络上广播，PLC1、PLC3 把它接收下来存在各自的 2# 接收区中；以此类推。由于每台 PLC 的链接区大小一样，占用的地址段相同，数据保持一致，所以，每台 PLC 访问自己的链接区，就等于访问了其他 PLC 的链接区，也就相当于与其他 PLC 交换了数据。这样链接区就变成了名副其实的共享存储区，共享存储区成为各 PLC 交换数据的中介。

全局 I/O 方式中的链接区是从 PLC 的 I/O 区划分出来的，经过等值化通信变成所有 PLC 共享，因此称为"全局 I/O 方式"，通过这种方式，PLC 直接用读写指令对链接区进行读写操作，简单、方便、快速，但应注意：在一台 PLC 中对某地址进行写操作时，在其他 PLC 中对同一地址只能进行读操作。

3. 主从总线 1：N 通信方式

主从总线通信方式又称为 1：N 通信方式，这是在 PLC 通信网络上采用的一种通信方式。在总线结构的 PLC 子网上有 N 个站，其中只有 1 个主站，其他皆是从站。这种通信方式采用集中式存取控制技术分配总线使用权，通常采用轮询表法，轮询表即是一张从机号排列顺序表，该表配置在主站中，主站按照轮询表的排列顺序对从站进行询问，看它是否要使用总线，从而达到分配总线使用权的目的。

为了保证实时性，要求轮询表包含每个从站号不能少于一次，这样在周期轮询时，每个从站在一个周期中至少有一次机会取得总线使用权，从而保证了每个站的基本实时性。

4. 令牌总线 N：N 通信方式

令牌总线通信方式又称为 N：N 通信方式。在总线结构上的 PLC 子网上有 N 个站，它们地位平等，没有主从站之分。这种通信方式采用令牌总线存取控制技术，在物理上组成一个逻辑环,让一个令牌在逻辑环中按照一定方向依次流动,获得令牌的站就取得了总线使用权。

热处理生产线 PLC 控制系统监控系统中采用 1∶1 式"I/O 周期扫描"的 PLC 网络通信方法,即把个人计算机联入 PLC 控制系统中,计算机是整个控制系统的超级终端,同时也是整个系统数据流通的重要枢纽。通过设计专业 PLC 控制系统监控软件,实现对 PLC 系统的数据读写、工艺流程、质量管理,以及动态数据检测与调整等功能,通过建立配置专用通信模板,实现通信连接,在协议配置上采用 9600bps 的通信波特率、FCS 奇偶校验和 7 位的帧结构形式。

这样的协议配置和通信方法的选用主要是根据该热处理生产线结构较简单、PLC 控制点数不多、控制炉内碳势难度不大和通信控制场所范围较小的特点选定的,是通过 RS485 串行通信总线,实现 PLC 与计算机之间的数据交流的,经过现场生产运行,证明该系统的协议配置和通信方法的选用是有效、切实可行的。

思考题

1. 简述可编程控制器组成部分、分类及特点。

2. 列举几个可编程控制器应用领域。

3. 简述可编程控制器发展趋势。

4. 什么是软 PLC 技术?

5. 简述软 PLC 系统组成。

6. 在系统调试过程中,如果出现软件设计达不到机械设备的工艺要求,除考虑软件设计的方法外,还可从以下哪几个方面寻求解决的途径?

第七章 电力系统及其自动化

任务导入：

电力系统是由发电厂、送变电线路、供配电所和用电等环节组成的电能生产与消费系统。它的功能是将自然界的一次能源通过发电动力装置转化成电能，再经输电、变电和配电将电能供应到各用户。为实现这一功能，电力系统在各个环节和不同层次还具有相应的信息与控制系统，对电能的生产过程进行测量、调节、控制、保护、通信和调度，以保证用户获得安全、优质的电能。

学习大纲：

1. 学习电力系统的定义与发展。
2. 掌握电力系统运行相关知识。
3. 了解电力系统的安全性及防治措施。

第一节 电力系统

一、概述

电力系统是由发电、变电、输电、配电和用电等环节组成的电能生产与消费系统。它的功能是将自然界的一次能源通过发电动力装置（主要包括锅炉、汽轮机、发电机及电厂辅助生产系统等）转化成电能，再经输、变电系统及配电系统将电能供应到各负荷中心，通过各种设备再转换成动力、热、光等不同形式的能量，为地区经济和人民生活服务。由于电源点与负荷中心多数处于不同地区，也无法大量储存，故其生产、输送、分配和消费都在同一时间内完成，并在同一地域内有机地组成一个整体，电能生产必须时刻保持与消费平衡。因此，电能的集中开发与分散使用，以及电能的连续供应与负荷的随机变化，就制约了电力系统的结构和运行。据此，电力系统要实现其功能，就需在各个环节和不同层次设置相应的信息与控制系统，以便对电能的生产和输运过程进行测量、调节、控制、保护、通信和调度，确保用户获得安全、经济、优质的电能。

建立结构合理的大型电力系统不仅便于电能生产与消费的集中管理、统一调度和分配，减少总装机容量，节省动力设施投资，且有利于地区能源资源的合理开发利用，更大限度地满足地区国民经济日益增长的用电需要。电力系统建设往往是国家及地区国民经济发展规划的重要组成部分。

电力系统的出现，使高效、无污染、使用方便、易于控制的电能得到广泛应用，推动了社会生产各个领域的变化，开创了电力时代，发生了第二次技术革命。电力系统的规模和技术高低已成为一个国家经济发展水平的标志之一。

二、电力系统运行的特点和基本要求

（一）电力系统运行的特点

1. 电能的生产和使用同时完成。

2. 正常输电过程和故障过程都非常迅速。电力系统的各种暂态过程非常短促，当电力系统受到扰动后，由一种状态过渡到另一种运行状态的时间非常短。由于电力系统存在大量电感、电容元件（包括导体和设备的等值电感和电容），当运行状态发生变化或发生故障时会产生过渡过程。电能是以光速传输的，过渡过程将按该速度迅速波及系统的其他部分。因此设备正常运行的调整和切换操作，以及故障的切除，必须采取自动装置迅速而准确地完成。

3. 具有较强的地区性特点。

4. 电能与国民经济各个部分之间的关系都很密切。

电能是国民经济各部门的主要动力。随着科技的进步和人民生活水平的逐步提高，生活电器的种类不断增多，生活用电量日益增加。电能的供应不足或突发故障都将给国民经济各部门造成巨大损失，给人民生活带来极大的不便。

5. 电能不能大量储存。即电能的生产、输送、分配及消费几乎是同时进行的，在任一时刻，发电机发出的电能等于负荷消费的电能（在发电机容量允许范围内），虽然蓄电池和电容器等储能元件能够储存少量电能，但对于整个电力系统的能量来说是微不足道的。可以说电能的生产、输送、分配及使用是同时完成的，即发电厂在任何时刻生产的电能恰好等于该时刻用户消耗的电能和输送、分配过程损耗的能量之和。任何一个环节出现故障，都将影响整个电力系统的正常工作。

（二）电力系统运行的基本要求

对电能质量（电压和频率）的要求十分严格，偏离规定值过多时，将导致产生废品，损坏设备，甚至出现从局部范围到大面积停电。

由于以上特点，电力系统的运行必须安全可靠。对电力系统运行的基本要求可以简单地概括为："安全、可靠、优质、经济"。

1. 保证供电的安全可靠性

保证供电的安全可靠性是对电力系统运行的基本要求。为此，电力系统的各个部门应加强现代化管理，提高设备的运行和维护质量。应当指出，目前要绝对防止事故的产生是不可能的，而各种用户对供电可靠性的要求也不一样。因此，应根据电力用户的重要性不同，区别对待，以便在事故情况下把给国民经济造成的损失限制到最小。通常可将电力用户分为三类：

（1）一类用户。指由于中断供电会造成人身伤亡或在政治、经济上给国家造成重大损失的用户。一类用户要求有很高的供电可靠性。对一类用户通常应设置两路以上相互独立的电源供电，其中每一路电源的容量均应保证在此电源单独供电的情况下就能满足用户的用电要求。确保当任一路电源发生故障或检修时，都不会中断对用户的供电。

（2）二类用户。指由于中断供电会在政治、经济上造成较大损失的用户。对二类用户应设专用供电线路，条件许可时也可采用双回路供电，并在电力供应出现不足时优先保证其电力供应。

（3）三类用户。一般指短时停电不会造成严重后果的用户，如小城镇、小加工厂及农村用电等。当系统发生事故，出现供电不足的情况时，应当首先切除三类用户的用电负荷，以保证一、二类用户的用电。

2. 保证电能的良好质量

电能是一种商品，它的质量指标主要有电压、频率和波形。随着经济的发展和人们生活水平的提高，对电能质量的要求越来越高。频率、电压和波形是电能质量的三个基本指标。当系统的频率、电压和波形不符合电气设备的额定值要求时，往往会影响设备的正常工作，危及设备和人身安全，影响用户的产品质量等。因此要求系统所提供电能的频率、电压及波形必须符合其额定值的规定。其中，波形质量用波形总畸变率来表示，正弦波的畸变率是指各次谐波有效值平方和的方根值占基波有效值的百分比。

我国规定电力系统的额定频率为50Hz，大容量系统允许频率偏差±0.2Hz，中小容量系统允许频率偏差±0.5Hz。35kV及以上的线路额定电压允许偏差±5%；10kV线路额定电压允许偏差±7%，电压波形总畸变率不大于4%；380V/220V线路额定电压允许偏差±7%，电压波形总畸变率不大于5%。

对于电压和频率质量的保证，我国电力行业早有要求，并将其作为考核电力系统运行质量的重要内容之一。在当前条件下，为保证电能质量，需要增加系统电源的有功功率、无功功率，合理调配用电、节约用电，提高系统的自动化水平。保证波形质量，就是指限制系统中电流、电压的谐波，关键在于限制各种环流装置、电热炉等非线性负荷向系统注入的谐波电流，或改进换流装置的设计、装设滤波器、限制不符合要求的非线性负荷等的接入等。

(1) 电压

系统电压过高或过低,对用电设备运行的技术和经济指标有很大影响,甚至会损坏设备。一般规定电压的允许变化范围为额定电压的 ±5%。

(2) 频率

频率的高低影响电动机的出力,会影响造纸、纺织等行业的产品质量,影响电子钟和一些电子类自动装置的准确性,使某些设备因低频震动而损坏。我国规定频率的允许变化范围为 50±(0.2~0.5)Hz。

(3) 波形

电力系统供给的电压或电流一般都是较为标准的正弦波,但是在电能的传输过程中会发生畸变。引起谐波产生的原因很多,如带铁芯设备的饱和、系统的不对称运行、在系统中接入了电子设备和整流设备等。不标准的正弦波必含高次谐波,高次谐波的含量应该十分小。

3. 保证电力系统运行的稳定性

当电力系统的稳定性较差,或对事故处理不当时,局部事故的干扰有可能导致整个系统的全面瓦解(即大部分发电机和系统解列),而且需要长时间才能恢复,严重时会造成大面积、长时间停电。因此稳定问题是影响大型电力系统运行可靠性的一个重要因素。

4. 保证运行人员和电气设备工作的安全

保证运行人员和电气设备工作的安全是电力系统运行的基本原则。这一方面要求在设计时,合理选择设备,使之在一定过电压和短路电流的作用下不致损坏;另一方面还应按规程要求及时地安排对电气设备进行预防性试验,及早发现隐患,及时进行维修。在运行和操作中要严格遵守有关规章制度。

5. 保证电力系统运行的经济性

电能的生产规模很大,消耗的一次能源占国民经济一次能源总消耗比重约为 1/3,而且电能在变换、输送、分配时的损耗绝对值也相当庞大。因此,降低每生产一度电所消耗的能源和降低变换、输送、分配时的损耗,具有重要意义。煤耗率和线损率是考核电力系统运行经济性的重要指标,所谓煤耗率,是指煤生产 1kW·h 电能所消耗的标准煤重,以 g/(kW·h) 为单位,而标准煤则是含热量为 29.31MJ/kg 的煤。所谓线损率或网损率,是指电力网络中损耗的电能与向电力网络供应电能的百分比。

为保证系统运行的经济性,应开展系统经济运行工作,使各发电厂所承担的负荷合理分配,在保证安全、优质供电的前提下,将单一电力系统联合组成联合电力系统,可以提高供电可靠性,减少备用容量,可更合理地调配用电,降低联合系统的最大负荷,提高发电设备利用率,减少系统中发电设备的总容量,可更合理地利用系统中各种类型的发电厂,从而提高运行的经济性。同时，由于个别负荷在系电能成本的降低，不仅会使各用电部门的成本降低，更重要的是节省了能量资源，因此会带来巨大的经济效益和长远的社会效益。为了实现电力系统的经济运行，除了进行合理的规划设计外，还须对整个系统实施最佳经济调度，实现火电厂、水电厂及核电厂负荷的合理分配，同时还要提高整个系统的管理技术水平。

6. 满足节能环保的要求

地球生态环境日益恶化的今天，要求电力系统的运行能满足节能与环保的要求，如实行水火电联合经济运行，最大限度地节省燃煤和天然气等一次能源，将火力发电释放到大气中的二氧化硫、二氧化氮等有害气体控制在最低水平，大力发展风力发电、太阳能发电等可再生能源发电，实现可持续发展。

7. 电力系统的额定电压

（1）额定电压（铭牌上所标的电压）

定义：能使受电器（电机、变压器、用电设备）正常工作的电压。

（2）我国额定电压等级

为了使电力工业和电力制造业的生产标准化、统一化、系列化，世界上许多国家和组织都制定了有关额定电压的标准。

我国电力网额定电压等级如下：0.22kV、0.38kV、3kV、6kV、35kV、60kV、110kV、220kV、330kV、500kV、750kV、1000kV。

（3）各种电气设备的额定电压

因为在输电线路输送负荷电流时必然要产生电压损失，为了保证电网末端的用电设备工作在正常电压下，国家规定：

①电力网及用电设备的额定电压

用电设备容许的电压偏移一般为5%，沿线电压降落一般为10%，因而要求线路始端电压为额定值的1.05倍，并使末端电压不低于额定值的95%。可取线路始末两端电压的平均值 U_{av} 作为电力网的额定电压。

②发电机额定电压

发电机通常接于线路始端，因此发电机的额定电压为线路额定电压的1.05倍：

$U_{GN}=U_N（1+5\%）$

例如：线路电压为10kV，则发电机电压为10.5kV。

③变压器额定电压

变压器具有发电机和负荷的双重地位，它的一次侧是接受电能的，相当于用电设备；二次侧是送出电能的，相当于发电机。

变压器一次侧额定电压：

1）变压器一次侧额定电压取等同于用电设备额定电压；

2）对于直接和发电机相联的变压器，其一次侧额定电压等于发电机的额定电压，即：$U_{1N}=U_{GN}=U_N(1+5\%)$

变压器二次侧额定电压：

第一，当距用电设备较近时，取比线路额定电压高5%。

第二，当距用电设备较远时，变压器二次额定电压取比线路额定电压高10%。

因变压器二次侧额定电压规定为空载时的电压，高出的10%电压其中有5%用来补偿正常负载时变压器内部阻抗和线路阻抗所造成的损失。

三、电力系统的构成

电力系统的主体结构有电源、电力网络和负荷中心。电源指各类发电厂、站，它将一次能源转换成电能；电力网络由电源的升压变电所、输电线路、负荷中心变电所、配电线路等构成。它的功能是将电源发出的电能升压到一定等级后输送到负荷中心变电所，再降压至一定等级后，经配电线路与用户相联。电力系统中千百个网络结点交织密布，有功潮流、无功潮流、高次谐波、负序电流等以光速在全系统范围传播。它既能输送大量电能，创造巨大财富，也能在瞬间造成重大的灾难性事故。为保证系统安全、稳定、经济地运行，必须在不同层次上依不同要求配置各类自动控制装置与通信系统，组成信息与控制子系统。它成为实现电力系统信息传递的神经网络，使电力系统具有可观测性与可控性，从而保证电能生产与消费过程的正常进行以及事故状态下的紧急处理。

根据电力系统中装机容量与用电负荷的大小，以及电源点与负荷中心的相对位置，电力系统常采用不同电压等级输电（如高压输电或超高压输电），以求得最佳的技术经济效益。根据电流的特征，电力系统的输电方式还分为交流输电和直流输电。交流输电应用最广。直流输电是将交流发电机发出的电能经过整流后采用直流电传输。

由于自然资源分布与经济发展水平等条件限制，电源点与负荷中心多处于不同地区。由于电能目前还无法大量储存，输电过程本质上又是以光速进行，电能生产必须时刻保持与消费平衡。因此，电能的集中开发与分散使用，以及电能的连续供应与负荷的随机变化，就成为制约电力系统结构和运行的根本特点。

系统的运行指组成系统的所有环节都处于执行其功能的状态。系统运行中，由于电力负荷的随机变化以及外界的各种干扰（如雷击等）会影响电力系统的稳定，导致系统电压与频率的波动，从而影响系统电能的质量，严重时会造成电压崩溃或频率崩溃。系统运行分为正常运行状态与异常运行状态。其中，正常状态又分为安全状态和警戒状态；异常状态又分为紧急状态和恢复状态。电力系统运行包括了所有这些状态及其相互间的转移。各种运行状态之间的转移需通过不同控制手段来实现。

电力系统在保证电能质量、实现安全可靠供电的前提下，还应实现经济运行，即努力调整负荷曲线，提高设备利用率，合理利用各种动力资源，降低燃料消耗、厂用电和电力网络的损耗，以取得最佳经济效益。

在输送电能的过程中，为了满足不同用户对供电经济性和可靠性的要求，也为了满足远距离输电的需要，常需要采用多种电压等级输送电能。将发电厂中的发电机、升压和降压变电所、输电线路及电力用户组成的电气上相互连接的整体，称为电力系统。它包括了发电、输电、配电和用电的全过程。由于电力系统的设备大都是三相的，它们的参数也是对称的，一般将三相电力系统用单线图表示。电力系统中用于电能输送和分配的部分，即不同电压等级的升压和降压变电所、不同电压等级的输电线路，被称为电力网。发电厂的动力部分，即火电厂的锅炉和汽轮机、水电厂的水轮机、核电厂的反应堆和汽轮机等，与电力系统组成前一个整体称为动力系统。

变电所分为枢纽变电所、中间变电所、地区变电所和终端变电所。枢纽变电所一般都处于电力系统各部分的中枢位置，容量很大，地位重要，连接电力系统高压和中压的几个部分，汇集多个电源，电压等级为330kV及以上；中间变电所处于发电厂和负荷的中间，此处可以转送或抽出部分负荷，高压侧电压220～330kV；地区变电所是一个地区和城市的主要变电所，负责给地区用户供电，高压侧电压110～220kV；终端变电所一般都是降压变电所，高压侧电压为35～110kV，只供应局部地区的负荷，不承担转送负荷功率的任务。

电力网按电压等级和供电范围可分为地方电力网、区域电力网和高压输电网。35kV及以下、输电距离几十公里以内、多给地方负荷供电的，称为地方电力网，又称为配电网，它的主要任务是向终端用户配送满足一定电能质量要求和供电可靠性要求的电能；电压为110～220kV，多给区域性变电所负荷供电的，称为区域电力网；330kV及以上的远距离输电线路组成的电力网称为高压输电网。区域电力网和高压输电网统称为输电网，它的主要任务是将大量的电能从发电厂远距离传输到负荷中心，并保证系统安全、稳定和经济地运行。

四、电力系统运行操作注意事项

电力系统的设备一般分为运行、热备用、冷备用、检修四种状态。这些设备运行状态的改变，现场运行人员需在系统调度值班员的统一指挥下，按照调度值班员发布的调度指令通过操作变更电网设备状态的行为而完成。运行操作是指变更电力系统设备状态的行为。

系统的运行是指系统的所有组成环节都处于执行其功能的状态。电力系统的基本要求是保证安全可靠地向用户供应质量合格、价格便宜的电能。所谓质量合格，就是指电压、频率、正弦波形这3个主要参量都必须处于规定的范围内。电力系统的规划、设计和工程实施量为实现上述要求提供了必要的物质条件，但最终的实现则决定于电力系统的运行。实践表明，具有良好物质条件的电力系统也会因运行失误造成严重的后果。

电力系统的运行常用运行状态来描述，主要分为正常状态和异常状态。正常状态又分为安全状态和警戒状态，异常状态又分为紧急状态和恢复状态。电力系统运行包括了所有这些状态及其相互间的转移。

各种运行状态之间的转移，需通过控制手段来实现，如预防性控制，校正控制和稳定控制，紧急控制，恢复控制等。这些统称为安全控制。

电力系统在保证电能质量、安全可靠供电的前提下，还应实现经济运行，即努力调整负荷曲线，提高设备利用率，合理利用各种动力资源，降低煤耗、厂用电和网络损耗，以取得最佳经济效益。

安全状态指电力系统的频率、各点的电压、各元件的负荷均处于规定的允许值范围，并且，当系统由于负荷变动或出现故障而引起扰动时，仍不致脱离正常运行状态。由于电能的发、输、用在任何瞬间都必须保证平衡，而用电负荷又是随时变化的，因此，安全状态实际上是一种动态平衡，必须通过正常的调整控制（包括频率和电压——有功和无功调整）才能得以保持。

警戒状态指系统整体仍处于安全规定的范围，但个别元件或局部网络的运行参数已临近安全范围的阈值。一旦发生扰动，就会使系统脱离正常状态而进入紧急状态。处于警戒状态时，应采取预防控制措施使之返回安全状态。

（一）电力系统运行操作的原则

1. 要按规程规定的调度指挥关系，在调度值班员的指挥下进行。

2. 值班调度员操作前要充分考虑电网接线的正确性，并应特别注意对重要用户供电的可靠性的影响。

3. 值班调度员操作前要对电网的有功和无功加以平衡，保证操作后系统的稳定性，并考虑备用容量的分布。

4. 值班调度员操作时注意系统变更后引起潮流、电压的变化，并及时通知有关现场。

5. 继电保护及自动装置应配合协调。

6. 由于检修、扩建有可能造成相序或相位紊乱的，送电前要注意进行核相。环状网络变压器的操作，如果引起电磁环网中接线角度发生变化时，应及时通知有关单位。

7. 带电作业要按检修申请制度提前向所属调度提出申请，批准后方可作业，严禁越时强送。

8. 系统操作后，事故处理措施应重新考虑。事先做好事故预想，并与有关现场联系好。系统变更后的解列点必要时应重新考虑。

（二）电网操作命令主要分为三种类型

1. 单项操作令：是指调度员只对一个单位发布一项操作令，由下级调度或现场运行人员完成后汇报。

2. 综合操作令：是指一个操作任务只涉及一个单位的操作，调度员只发给操作任务，由现场运行人员自行操作，在得到调度员允许之后即可开始执行，完毕后再向调度员汇报，例如倒母线、变压器停送电等。

3. 逐项操作令：是指调度员逐项下达操作令，受令单位按指令的顺序逐项执行。这一般涉及两个及两个以上单位的操作，调度员必须事先按操作原则编写好操作票，操作时由调度员逐项下达操作指令，现场按指令逐项操作完后汇报调度。例如线路的停送电等。

（三）电力系统运行操作制度

1. 操作前应对要改变运行状态的检修单做到"五查"：查内容；查时间；查单位；查停电范围；查检修运行方式（如接线、保护、潮流分布等）。检修虽经运行方有关人员审核、批准，但为了保证操作的正确性，调度员应把好操作前的最后一关。

2. 操作方面：对于逐项操作命令票，调度员在操作前要写好操作票，填写时要做到"四对照"：对照现场；对照检修单；对照实际电网运行方式；对照范本操作票。操作票填写要严密而明确，文字清晰，术语标准化、规范化。不得修改、倒项、添项。设备必须用双重名称（名称和编号），严禁无票下令或是下达命令后再填写操作票。

调度员在填写操作票前要考虑以下问题：

• 对电网的接线方式、有功出力、无功出力、潮流分布、电压、电网稳定、通信及调度自动化等方面的影响。

• 对调度管辖范围以外设备和供电质量有较大影响时，应预先通知有关单位。

• 继电保护、自动装置是否配合，是否需要改变。

• 变压器中性点接地方式是否符合规定。

• 线路停送电操作要注意线路上是否"T"接负荷。

• 并列操作要注意防止非同期。

3. 对于一个完整的操作，要由一个调度员统一指挥，操作过程中必须严格贯彻执行复诵、录音记录和监护制度。调度员指挥操作时，除采用专用的调度术语外，还应严格执行复诵制度，即调度员发布执行操作的指令或现场运行人员汇报执行操作的结果时，双方均应重复一遍，严格执行复诵制度可以及时纠正由于听错而造成的误操作。调度员在操作时应彼此通报单位、姓名，逐项记录发令时间及操作完成时间。在指挥操作过程中必须录音。录音的目的在于记录操作过程的真实对话情况，提高工作的严肃性，而且还可以在录音中检查调度员的工作质量和纪律性。当发现问题时，便于正确判断、吸取教训。

操作过程中有另一名有监护权的调度员负责监护。当下达命令不正确或混乱时，监护人应及时提出纠正。操作完成后，监护人还应审查操作票，避免有遗漏或不妥的地方。按操作票执行的操作必须逐项进行，不允许跳项、漏项、并项、添项操作，操作过程中不准不按票而凭经验或记忆进行操作。遇有临时变更，应经值班长同意，修改操作票后方可继续进行操作。

操作时应利用调度自动化系统，检查开关位置及潮流变化、电压的变化，检查操作的正确性，并及时变更调度模拟盘，以符合实际情况。

4. 对操作中的保护与自动化装置，不应只考虑时间短而忽视配合问题，凡因运行方式变更，需要变更的保护及自动化装置，都要及时变更。

5. 系统操作后，应重新考虑事故处理措施，事先做好事故预想。

6. 电网的一切倒闸操作。

五、电力系统的基本状态

（一）电力系统的定义

电力系统是电能生产、变换、输送、分配和使用的各种电力设备按照一定的技术与经济要求有机组成的一个联合系统。

（二）电力系统的一次设备

一般将电能直接通过的设备称为电力系统的一次设备，如发电机、变压器、断路器、母线、输电线路、补偿电容器、电动机及其他用电设备等。

（三）电力系统的二次设备

对一次设备的运行状态进行监视、测量、控制和保护的设备称为电力系统的二次设备，电能的生产量应每时每刻与电能的消费量保持平衡，并满足质量的要求。

（四）电力系统发展现状

由于一年内夏、冬季的负荷较春、秋季的大，一星期内工作日的负荷较休息日的大，一天内的负荷也有高峰和低谷之分，电力系统中的某些设备，随时都有因绝缘材料的老化、制造中的缺陷、自然灾害等原因出现故障而退出运行。为满足时刻变化的负荷用电需求和电力设备安全运行的要求，电力系统的运行状态随时都在变化。

六、电力系统研究开发与规划设计

（一）电力系统的研究开发

电力系统的发展是研究开发与生产实践相互推动、密切结合的过程，是电工理论、电工技术以及有关科学技术和材料、工艺、制造等共同进步的集中反映。电力系统的研究与开发，还在不同程度上直接或间接地对于信息、控制和系统理论以及计算技术起了推动作用。反过来，这些科学技术的进步又推动着电力系统现代化水平的日益提高。

从 19 世纪末到 20 世纪二三十年代，交流电路的理论、三相交流输电理论、分析三相交流系统的不平衡运行状态的对称分量法、电力系统潮流计算、短路电流计算、同步电机振荡过程和电力系统稳定性分析、流动波理论和电力系统过电压分析等均已成熟，形成了电力系统分析的理论基础。随着系统规模的增大，人工计算已经远远不能适应要求，从而促进了专用模拟计算工具的研制。20 世纪 20 年代，美国麻省理工学院电机系首次研制成功机械式模拟计算机——微分仪，后来改进成为电子管、继电器式模拟计算机，以后又研制成直流计算台和网络分析仪，成为电力系统研究的有力工具。50 年代以来，电子计算机技术的发展和应用，使大规模电力系统的精确、快速计算得以实现，从而使电力系统分析的理论和方法进入一个崭新的阶段。

在电力系统的主体结构方面，燃料、动力、发电、输变电、负荷等各个环节的研究开发，大大提高了电力系统的整体功能。高电压技术的进步，各种超高压输变电设备的研制成功，电晕放电与长间隙放电特性的研究等，为实现超高压输电奠定了基础。新型超高压、大容量断路器以及气体绝缘全封闭式组合电器，其额定切断电流已达 100kA，全开断时间由早期的数十个工频周波缩短到 1～2 个周波，大大提高了对电网的控制能力，并且降低了过电压水平。依靠电力电子技术的进步实现了超高压直流输电。由电力电子器件组成的各种动力负荷，为节约用电提供了新的技术装备。

超导电技术的成就展示了电力系统的新前景。30 万千瓦超导发电机已经投入试运行，并且还继续研制容量为百万千瓦级的超导发电机。超导材料性能的改进会使超导输电成为可能。利用超导线圈可研制超导储能装置。动力蓄电池和燃料电池等新型电源设备均已有千瓦级的产品处于试运行阶段，并正逐步进入工业应用，这些研究课题有可能实现电能储存和建立分散、独立的电源，从而引起电力系统的重大变革。

在各工业部门中，电力系统是规模最大、层次很复杂、实时性要求严格的实体系统。无论是系统规划和基本建设，还是系统运行和经营管理，都为系统工程、信息与控制的理论和技术的应用开拓了广阔的园地，并促进了这些理论、技术的发展。针对电力系统的特点，60 年代以来，在电力系统运行的安全分析与管理中，在电力系统规划和设计中，都广泛引入了系统工程方法，包括可靠性分析及各种优化方法。电子技术、计算机技术和信息技术的进步，使电力系统监控与调度自动化发展到一个新的阶段，并在理论上和技术上继续提出新的研究课题。

（二）电力系统的规划设计

电能是二次能源。电力系统的发展既要考虑一次能源的资源条件，又要考虑电能需求的状况和有关的物质技术装备等条件，以及与之相关的经济条件和指标。在社会总能源的消耗中，电能所占比例始终呈增长趋势。信息化社会的发展更增加了对电能的依赖程度。电能供应不足或供电不可靠都会影响国民经济的发展，甚至造成严重的经济损失；发电和输、配电能力过剩又意味着电力投资效益降低，从而影响发电成本。因此，必须进行电力系统的全面规划，以提高发展电力系统的预见性和科学性。

制定电力系统规划首先必须依据国民经济发展的趋势（或计划），做好电力负荷预测及一次能源开发布局，然后再综合考虑可靠性与经济性的要求，分别作出电源发展规划、电力网络规划和配电规划。

在电力系统规划中，需综合考虑可靠性与经济性，以取得合理的投资平衡。对电源设备，可靠性指标主要是考虑设备受迫停运率、水电站枯水情况下电力不足概率和电能不足期望值；对输、变电设备，可靠性指标主要是平均停电频率、停电规模和平均停电持续时间。大容量机组的单位容量造价较低，电网互联可减少总的备用容量。这些都是提高电力系统经济性需首先考虑的问题。

电力系统是一个庞大而复杂的大系统，它的规划问题还需要在时间上展开，从多种可行方案中进行优选。这是一个多约束条件的具有整数变量的非线性问题，远非人工计算所能及。

大型电力系统是现代社会物质生产部门中空间跨度最大、时间协调要求严格、层次分工非常复杂的实体系统。它不仅耗资大，费时长，而且对国民经济的影响极大。所以制定电力系统规划必须注意其科学性、预见性。要根据历史数据和规划期间的电力负荷增长趋势做好电力负荷预测。在此基础上按照能源布局制定好电源规划、电网规划、网络互联规划、配电规划等。电力系统的规划问题需要在时间上展开，从多种可行方案中进行优选。这是一个多约束条件的具整数变量的非线性问题，需利用系统工程的方法和先进的计算技术。

智能电力系统关键技术可划分以下三个层次：

第一个层次：系统一次新技术和智能发电、用电基础技术，包括可再生能源发电技术、特高压技术、智能输配电设备、大容量储能、电动汽车和智能用电技术与产品等。

第二个层次：系统二次新技术，包括先进的传感、测量、通信技术，保护和自动化技术等。

第三个层次：电力系统调度、控制与管理技术，包括先进的信息采集处理技术、先进的系统控制技术、适应电力市场和双向互动的新型系统运行与管理技术等。

智能电力系统发展的最高形式是具有多指标、自趋优运行的能力，也是智能电力系统的远景目标。

多指标就是指表征智能电力系统安全、清洁、经济、高效、兼容、自愈、互动等特征的指标体现。

自趋优是指在合理规划与建设的基础上，依托完善统一的基础设施和先进的传感、信息、控制等技术，通过全面的自我监测和信息共享，实现自我状态的准确认知，并通过智能分析形成决策和综合调控，使得电力系统状态自动自主趋向多指标最优。

电源规划也是电力系统规划的重要环节。主要是根据各种发电方式的特性和资源条件，决定增加何种形式的电站（水电、火电、核电等），以及发电机组的容量与台数。承担基荷为主的电站，因其利用率较高，宜选用适合长期运行的高效率机组，如核电机组和大容量、高参数火电机组等，以降低燃料费用。承担峰荷为主的电站，因其年利用率低，宜选用启动时间短、能适应负荷变化而投资较低的机组，如燃气轮机组等。至于水电机组，在丰水期应尽量满发，承担系统基荷；在枯水期因水量有限而带峰荷。

由于水电机组的造价仅占水电站总投资的一小部分，近年来多倾向于在水电站中适当增加超过保证出力的装机容量（即加大装机容量的逾量），以避免弃水或减少弃水。对有条件的水电站，世界各国均致力发展抽水蓄能机组，即系统低谷负荷时，利用火电厂的多余电能进行抽水蓄能；当系统高峰负荷时，再利用抽蓄的水能发电。尽管抽水-蓄能-发电的总效率仅 2/3，但从总体考虑，安装抽水蓄能机组比建造调峰机组更划算，尤其对调峰容量不足的系统更是如此。电网规划在已确定的电源点和负荷点的前提下，合理选择输电电压等级，确定网络结构及输电线路的输送容量，然后对系统的稳定性、可靠性和无功平衡等进行校核。

七、电力系统供电质量的提高

电能是国民经济和人民生活极为重要的能源，它作为电力部门向用户提供的由发电、供电、用电三方面共同保证质量的特殊商品，其质量的好坏越来越受到关注。电能质量的技术治理与控制是改善电能质量的有效方法，也是优质供用电的必要条件，但电能质量具有动态性、相关性、传播性、复杂性等特点，对电能质量的控制和提高并不是一件轻而易举的事。为确保电能质量的有效控制，本文从电能质量的全面质量管理的技术角度对提高电能质量的方法进行了分析与探讨，努力满足电能质量的设计要求和目标，并和同行分享。

（一）电能质量控制分析概述

1. 电能质量的衡量指标

围绕电能质量的含义，电能质量的衡量指标通常包括如下几个方面：

（1）电压质量

指实际电压与理想电压的偏差，反映供电企业向用户供应的电能是否合格。这里的偏差应是广义的，包含了幅值、波形和相位等。这个定义包括了大多数电能质量问题，但不包括频率造成的电能质量问题，也不包括用电设备对电网电能质量的影响和污染。

（2）电流质量

反映了与电压质量有密切关系的电流的变化，电力用户除对交流电源有恒定频率、正弦波形的要求外,还要求电流波形与电压同相位以保证高功率因数运行。这个定义有助于电网电能质量的改善,并降低线损,但不能概括大多数因电压原因造成的质量问题。

其他的指标还有供电质量、用电质量等,这些指标共同反映了电力系统生产传输的电能的质量,并可以依据这些指标对电能进行管理。

2. 电能质量的影响因素

(1) 电力负荷构成的变化

目前,电力系统中存在大量非线性负荷:大规模电力电子应用装置(节能装置、变频设备等)、大功率的电力拖动设备、直流输出装置、电化工业设备(化工、冶金企业的整流)、电气化铁路、炼钢电弧炉(交、直流)、轧机、提升机、电石机、感应加热炉及其他非线性负荷。

(2) 大量谐波注入电网

含有非线性、冲击性负荷的新型电力设备在实现功率控制和处理的同时,都不可避免地产生非正弦波形电流,向电网注入谐波电流,使公共连接点(PCC)的电压波形严重畸变,负荷波动性和冲击性导致电压波动、瞬时脉冲等各种电能质量干扰。

(3) 电力设备及装置的自动保护和正常运行

大型电力设备的启动和停运、自动开关的跳闸及重合等对电能质量的影响,使额定电压暂时降低、产生电压波动与闪变,对电能质量也会产生影响。

(二) 提高电能质量的方法探讨

1. 中枢调压

电力系统电压调整的主要目的是采取各种调压手段和方法,在各种不同运行方式下,使用户的电压偏差符合国家标准。但由于电力系统结构复杂、负荷众多,对每个用电设备的电压都进行监视和调整,既不可能也无必要。

电力系统电压的监视和调整可以通过对中枢点电压的监视和调整来实现。所谓中枢点是指电力系统可以反映系统电压水平的主要发电厂和变电站的母线,很多负荷都由这些母线供电。若控制了这些中枢点的电压偏差,也就控制了系统中大部分负荷的电压偏差。

除了对中枢点进行调压,还可以进行发电机调压、调压器调压等,实现对电力系统电压的稳定,从而提高电能质量。

2. 谐波的抑制

解决电能谐波的污染和干扰,从技术上实现对谐波的抑制,从工程现场的实际来看,已经有很多行之有效的解决方法,概括起来主要可以采取下面的两种方法:

第一,增加换流装置的相数。换流装置是供电系统主要谐波源之一。理论分析表明,换流装置在其交流侧与直流侧产生的特征谐波次数分别为 $pk+1$ 和 pk（p 为整流相数或脉动数，k 为正整数），当脉动数由 $p=6$ 增加到 $p=12$ 时，其特征谐波次数为可以有效清除的幅值较大的低频项，从而大大地降低了谐波电流的有效值。

第二，无源滤波法和有源滤波法。为了减少谐波对供电系统的影响，实现对电气设备的保护，最根本的方法是从谐波的产生源头抓起，设法在谐波源附近防止谐波电流的产生，从而有效降低谐波电压。

防止谐波电流危害的方法，一是被动的防御，即在已经产生谐波电流的情况下，采用传统的无源滤波的方法，由一组无源元件——电容、电抗器和电阻组成的调谐滤波装置，减轻谐波对电气设备的危害；另一种方法是主动预防谐波电流的产生，即有源滤波法，其基本原理是通过关断电力电子器件产生与负荷电流中谐波电流分量大小相等、相位相反的电流来消除谐波。

八、电力系统的防雷和保护装置

（一）电力系统的防雷

供电部门的防雷工作是极其艰巨的，设备一旦损坏就有可能导致整个电力系统瘫痪，造成无法挽回的损失。因此，在变电站设计的过程中，要重视变电站设备的安全稳定，确保供电的可靠性。下面就主要分析一些国内电网架空线路以及变电站的主要防雷措施：高压防雷。

电力装置通过裸导线架空线路的方式进行电力传输，而架空线路一般设置在离地面 6～18m 的空间范围内，这时雷电入侵波产生的雷电过电压会促使线路或者设备绝缘击穿，进而遭到破坏。利用高压防雷技术，通过给线路或者设备人为地制造绝缘薄弱点即间隙装置，间隙的击穿电压比线路或者设备的雷电冲击绝缘水平低，在正常运行电压下间隙处于隔离绝缘状态，当雷电发生时强大的过电压使间隙击穿，从而产生接地保护，起到保护线路或设备绝缘的作用。

1. 间隙保护技术

间隙保护就是变压器中性点间隙接地保护装置。线路大体的两极由角形棒组成，一极固定在绝缘件上连接带电导线，另一极直接接地，间隙击穿后电弧在角形棒间上升拉长，当电弧电流变小时可以自行熄弧，间隙保护技术的优点是结构简单，运行维护量小，而缺点则是当电弧电流大到几十安以上时就没法自行熄弧，保护特性一般，而且间隙动作会产生截波，对变压器本身的绝缘也不利。

2. 避雷器保护技术

避雷器是一种雷电流的泄放通道，也是一种等电位连接体，在线路上并联对地安装，正常运行下处于高阻抗状态。当雷电发生时，避雷器将雷电电流迅速泄入大地，同时使大地、设备、线路处在等电位上，从而保护设备免遭强电势差的损害。避雷器技术当然也存在很多的缺点，由于避雷器的选用受安装地点的限制，当其受到雷击或者雷击感应的能量相当大时，靠单一的避雷器件很难将雷电流全部导入大地而自身不会损坏。另外，间隙保护和避雷器技术都是靠间隙击穿接地放电降压来起到保护的作用，这两种防雷技术往往会造成接地故障或者相间短路故障，所以不能达到科学合理的保护作用。

（二）电力系统的保护装置

电力系统微机保护装置是由高集成度、总线不出芯片单片机，高精度电流电压互感器，高绝缘强度出口中间继电器，高可靠开关电源模块等部件组成。微机保护装置主要作用于110kV及以下电压等级的发电厂、变电站、配电站等，也可作为部分70～220V之间电压等级中系统的电压电流的保护及测控。

电力系统微机保护装置的数字核心一般由CPU、存储器、定时器/计数器、Watchdog等组成。目前数字核心的主流为嵌入式微控制器（MCU），即通常所说的单片机；输入输出通道包括模拟量输入通道、模拟量输入变换回路（将CT、PT所测量的量转换成更低的适合内部A/D转换的电压量，±2.5V、±5V或±10V）、低通滤波器及采样、A/D转换和数字量输入输出通道（人机接口和各种告警信号、跳闸信号及电度脉冲等）。

第二节 电力系统的安全性及防治措施

一、引言

随着社会经济的发展、科学技术的进步及人民生活水平的不断提高，人们对电力的需求和依赖性越来越大，对安全稳定供电的要求越来越强。然而，由于受到电力系统自身原因和外部干扰的影响，电网事故时有发生，这不但使电力经营企业的经济效益受到损失，而且对电力用户和整个社会都将造成严重的影响。在西电东送、南北互联的条件下，我国将形成全国联网的巨型电力系统，如果出现电力系统重大事故，其规模和造成的损失有可能大幅度增加。因此，保证大规模互联电力系统的安全、稳定和经济运行是一个重大而迫切的问题，必须作为一个重大战略问题来解决。

二、电力系统的安全性问题

（一）现代电力系统的安全性问题

电力系统的安全性是指系统在发生故障情况下，系统能保持稳定运行和正常供电的风险程度。传统的电力系统安全性主要是在发生故障情况下，研究电力系统本身的动态特性，包括系统的功角稳定性、电压稳定性、频率稳定性、系统解列、热过载等。这类研究一般是针对单一故障的，而大面积停电事故则通常是连锁事件的复杂序列。

随着现代通信技术和信息技术的发展，为了保障大电网的安全和经济运行，各种信息系统，如调度自动化（SCADA/EMS）、配电网自动化系统（DA）、变电站综合自动化系统（SA）和电力市场技术支持系统等在电力系统领域里得到了广泛应用。

最近一些研究人员提出了电力系统脆弱性（Vulnerability）的概念，作为电力系统动态安全评估的一种新的框架。脆弱性一词经常出现在环境、生态、计算机网络等领域的有关文献中，用来描述相关系统及其组成要素易于受到影响和破坏，并缺乏抗拒干扰、恢复初始状态（自身结构和功能）的能力。它们在不同的学科中有不同的含义。对于电力系统脆弱性，可定义为：电力系统因人为干预、信息、计算机（软、硬件）、通信、电力系统元件和保护控制系统等因素，而潜伏着大面积停电的灾难性事故的危险状态。系统脆弱性与系统安全性的水平和在系统参数变化时系统安全性水平的变化趋势这两类信息密切相关。在这个概念中，人们对它们设定一个可被接受的基准值，当系统安全现状被评估后，系统安全性水平和它的变化趋势也就被确定下来。系统是否脆弱取决于它们是否高于或低于设定的基准值。

（二）电力系统安全性问题的影响因素

影响电力系统安全性的因素很多，对于组成现代电力系统的基础设施而言，可分为内部因素和外部因素。

1. 内部因素

（1）电力系统主要元件故障：发电机、变压器、输电线故障；

（2）控制和保护系统故障：保护继电器的隐性故障、断路器误动作、控制故障或误操作等；

（3）计算机软、硬件系统故障；

（4）信息、通信系统故障：与 EMS 系统失去通信、不能进行自动控制和保护、信息系统的故障（造成信息的缺损或者得到的信息不可靠）或拥塞、外部侵入信息/通信系统（如黑客的入侵）；

（5）电力市场竞争环境的因素：电力市场中各参与者间的竞争与不协调、在更换旧的控制和保护系统或发电装置上缺少主动性；

（6）电力系统不稳定：静态、暂态、电压、振荡、频率不稳定等。

2. 外部因素

（1）自然灾害和气候因素：地震、冰雹、雷雨、风暴、洪水、热浪、森林火灾等；

（2）人为因素：操作人员误操作、控制和保护系统设置错误、蓄意破坏（包括战争或恐怖活动）等。

三、电力系统安全性的防治措施

（一）加强电网建设，降低事故概率

电力工业是需要长期和超前投资的工业，大的发电厂的建设要 5～10 年，寿命约为 30 年。所以，要求厂（发电厂）网（电网）协调、统一规划、超前建设、合理结构，以保证电力系统的安全运行。特别要加强电网建设（加强远距离输电网、受端电网和二次系统）以提高电网安全可靠性，降低事故概率，减少停电损失。

同样地，在输电和配电领域，很大一部分的基础设施的寿命已接近 70 年。另一方面，很多几十年前设计的设备已不适应先进的数字化技术。所以，电力设备老化问题是发达国家普遍存在的问题。更换老化了的设备需要新的大规模投资。但是，电力工业市场化后，市场参与者关心的是今天和明天的利益，而不是 20 年以至 30 年的利益。在过去的 10 年中，由于竞争的压力、市场的不完备和管制的不确定性，在一些进行电力工业改革的国家中的投资已保持在一个较低的水平。

（二）加强电力系统监控和管理

电力系统的互联使得在广阔的地域内进行资源的优化配置、互通有无、相互支援成为可能。但是，在紧密相连的互联电力系统中，一个局部故障能迅速向全系统传播，会导致大面积停电。所以，在事故处理上，要求反应迅速，高效统一。在一个互联电力系统的某一部分出现故障后，互联的电力系统的其他部分在故障波及之前往往还不知道事故的发生。所以，在一个互联的电力系统中，统一电网管理、统一电网调度、建立完善的安全运行制度是保证电力系统安全可靠运行的重要条件。要通过定期的培训来不断提高调度和运行人员的素质，特别是应对突发事件的能力。

为了改善电网的运行环境，减少外力和自然界对电力系统设备的破坏，要做好日常的维护工作，例如，及时修剪输电走廊的树枝，以免发生如美国几次大停电事故中因导线与树枝间发生闪络而诱发的大面积停电那样的事故。

（三）加强与电力系统安全紧密相关的基础研究

由不同容量发电机、不同电压等级和长度的输配电线路以及不同容量和特性负荷组成的电力系统是一个典型的复杂大系统，呈现高维、非线性、时变、信息的不完全性、广域（大范围跨越时空）互联性和微分代数的复杂特性。这个大系统的时空运行历来就是一个非常困难的学术和工程问题。目前急需建立新的理论和方法体系（建模、分析、模拟、仿真、预测和控制方法），有效地解决复杂电力系统所面临的关键问题，比如跨区域电力系统长期动态行为分析与仿真，系统连锁故障防御与控制等课题，以保证电力系统安全、可靠地管理和运行。

要及早研究和开发广域的、智能的、自适应的电力系统的保护和控制系统，它集成了电力系统、广域保护和控制以及通信基础设施（包括GPS技术），能提供实时的关键和广泛信息，预见可能出现的问题，迅速地评价系统的薄弱环节，及时完成基于系统分析的自愈和自适应重构动作等的防御措施，将形成全国复杂联合电力系统的强大反事故能力，以避免发生灾难性的事故，保障电力系统的安全稳定运行。

与电力系统安全性紧密相关的基础研究，需要长期的，持续的，高额的投入。建立（类似资助基础研究的）国家的或电力企业的研究基金，是一种有效的办法。基础研究将为平时和特殊条件（如战争）下的电力系统安全运行提供理论和实践的成果；要列入国家中、长期科研发展规划；要开展国际间的合作，从已发生的事故中吸取有益的教训。

（四）研究自然灾害和人为破坏（包括战争和恐怖活动）对电力系统安全运行的影响

在现代化社会中，由于社会活动和人民生活与电力供应密切相关，电力工业与灾害防御系统、通信系统、军事命令和控制系统、公共卫生系统等一样，应列入有严重后果的国家基础设施，这些系统的安全和可靠地运行是国家经济、安全和生活质量的根本。所以，作为国家的主要（或关键）基础设施之一，要研究自然灾害和人为破坏（包括战争）对电力系统安全运行的影响，科学的区分各种预警和紧急状态，建立相应的反应灵敏、高效统一的应对策略和应急措施。

四、若干与电力系统安全性紧密相关的基础研究方向

（一）开展广域电力系统的建模和综合能源及通信系统体系结构（IECSA）的研究

多年来，大规模电力系统动态行为分析一直受到广泛关注。但随着电网的互联、多馈入交直流混合输电方式的出现、大功率电力电子设备的应用，电力系统中出现的诸如超低频振荡等各种动态行为和特征严重影响了大电网的安全运行，迫切需要进一步搞清机理，提出控制方法和措施。电力负荷模型的建立是这一研究领域中的关键问题，包括电力负荷模型的复杂性和不确定性的辨识理论和方法，电力负荷模型的宏观结构识别等。

随着信息技术的发展，电力系统与信息系统、通信系统已经融合成集成的混杂系统。传统的对电力系统的研究方法已经难以处理这样的复杂系统，需要在建模、分析、仿真、预测和控制等方面建立新的理论和方法体系，有效地解决复杂电力系统所面临的关键问题，以保证电力系统的安全运行。必须同时考虑和研究电力系统、信息系统、计算机系统、通信系统的交互和综合，在建模上要考虑多个网络的平行，多个物理过程的平行，以及多类元件的平行。要充分应用实时的量测信息，发展分布式的实时计算。

长期以来，电力系统安全性评估的研究主要集中于电力系统本身建模和故障的计算，没有考虑与之密切相关的信息系统和通信系统模型。这是因为信息系统和通信系统的模型尚未建立，对信息系统与电力系统之间的交互影响更是缺乏系统深入的研究，这迫切需要

应用复杂交互系统与分布式人工智能的相关理论来应对电力系统的不断扩展所带来的复杂性，发展新的电力系统安全性评估理论。

多智能体系统（multi-agent systems）可望能为以上问题的解决提供新的途径。对于电力系统，它主要是将网络中各个成员视为一个能独立完成某些任务的分布自治的智能体，然后通过多个智能体的交互与协作，达成各成员作用的相互协调，实现系统的整体控制目标。最典型的电力系统分级办法就是将系统分为：发电、输电、配电和用电等系统。在电力市场环境下的多智能体结构，可以是独立发电者、输电服务提供者、辅助服务提供者等。表面上看起来这种分级方法是传统分级控制技术的引申和扩展，但其间有明显的差别，如控制策略的优先权限和最终目标的界定。对于通信系统与信息系统，也有专门的建模方法和工具。如通信系统对应于communication agent，信息系统对应于Information agent。这种分级方法为多智能体分层结构中准确模拟各个层次间相互作用奠定了基础。多智能体系统所具有的资源共享、易于扩张、可靠性强、灵活性强、实时性好的特点非常适用于解决大规模电力系统这类复杂系统的建模、控制和分析评估任务，有望为实现广域电力系统实时分析、全局协调控制提供新的途径。

（二）开展广域电力系统的信息理论与应用研究

广域电力系统的信息分布广、数量多，要有一个先进和可靠的分层、分区的信息系统，使及时和正确地传送广域信息能得到保证，并对信息进行有效的处理，以实现对全系统的实时监控。为此，要有一个实时平行的故障诊断系统，在海量的实时信息（包括测量信息，设备"健康"状态等）中及时诊断和预测未来可能出现的或潜在的故障。

随着国家电力数据网（SPDnet）的建设，调度自动化（SCADA/EMS）、（SA）的发展和普及，各种信息管理系统（如生产管理系统、营销管理系统）、地理信息系统（GIS）、电力市场技术支持系统以及电网运行的其他信息系统等在电力系统领域的应用，都表明信息技术已越来越融入电力系统中。然而，目前电力系统在信息处理技术上还比较落后，主要表现在信息的加工还处于低层的数字信号处理阶段，信息的采集重复性较大，未能实现信息的优化，造成硬件建设的复杂与控制回路的复杂；信息的应用过于简单。作为复杂大系统的信息处理技术，应该具有多信息量、多层次、多综合等优点和特点，能适应与应用到运行方式变化大、系统结构复杂的电力系统中来。改变目前电力系统信息处理模式将是电力系统领域研究的新课题。

电力信息系统是一个问题域十分复杂、庞大或不可预测的系统，唯一的解决方法是开发大量有特殊功能的模块化成分（智能体），专门用于解决问题的某个特定方面。在出现相互关联的问题时，系统中的各智能体相互协调，可以正确处理这种相关性。应用智能体对信息融合算法的改进，增加系统的反馈算法，改变了原有的简单的从低层到高层的单向环境信息和知识传输，使高层同样可以向低层传输规划和管理信息。这个信息融合系统就具有完整的观测、融合、决策和协调功能。因此，基于多智能体系统的分布式信息处理技术是这一领域颇有应用前景的研究方向。

同时，信息技术的负面影响也波及电力系统。黑客的入侵使电力系统的安全增加了新的内涵，其影响亦需进一步的研究。

（三）开展广域电力系统安全防治系统的研究

为了防治广域复杂电力系统中可能出现的大面积停电事故，要开发广域的、智能的、自适应的并与电力系统的分层和全局协调的保护和控制系统。它集成了电力系统、广域保护和控制以及通信基础设施，能提供实时的关键和广泛信息，预见可能出现的问题，迅速地评价系统的薄弱环节，及时完成基于系统分析的自愈和自适应重构动作等的防治措施，以避免发生灾难性的事故。它与传统所用的方法和技术的不同之处是，后者只基于局部量测信号的局部控制动作，只关心个别设备的状态；而前者则是基于广域信息的安全性评估，在故障发生后将故障局部化，使故障不致发展为大面积停电的重要技术措施。继电保护应从传统的元件保护扩展到系统保护，同时要研究继电保护装置隐性失效对连锁故障的影响。紧急控制系统应实现在线决策，提高控制的速度和有效性。

实现广域电力系统安全防治系统，必须基于广域测量系统（WAMS），实现对电网的实时监视、实时仿真和实时控制。广域电力系统安全防治系统的主要目标是：

1. 事故的超前发现或预测系统事故。根据系统的状态，过负荷或输电线路弧垂等情况，采用先进的算法进行预测。对电力设备"健康"状态进行实时监控和根据电力设备的状态进行检修管理，以避免因设备老化或故障（失效）而引起的系统事故。要在线监视输电线路的热极限。若干大停电事故的起因都是静态潮流问题，动态问题随后加剧了系统崩溃。

2. 对系统故障的快速反应。如故障的早期隔离、过负荷元件的超前解除过负荷状态，以及其他避免事故扩大的措施。

3. 尽快使系统得以恢复，也就是尽可能快地使失去供电的负荷恢复供电，并使系统回到正常运行状态。重视事故恢复计划的准备，尽可能在电网和电源建设阶段就考虑事故恢复问题，如完备的"黑启动"方案。恰当的事故恢复计划可以减少事故停电损失。发展分散电源也为事故后的快速恢复创造条件。

4. 在系统正常运行时，校正系统的运行性能，使其保持安全性，即承受故障的能力更高。

思考题

1. 电力系统运行的特点有哪些？
2. 简述电力系统运行的基本要求。

3. 电力系统运行操作注意事项有哪些？
4. 调度员在填写操作票前要考虑哪些问题？
5. 列举电力系统安全性问题的影响因素。
6. 简述电力系统安全性的防治措施。

第八章　电气自动化工程的应用

任务导入：

工业自动化就是以工业生产中的各种参数为控制目的，实现各种过程控制，在整个工业生产中，尽量减少人力的操作，而能充分利用动物以外的能源与各种资讯来进行生产工作，即称为工业自动化生产，而使工业能进行自动生产之过程称为工业自动化。工业自动化是机器设备或生产过程在不需要人工直接干预的情况下，按预期的目标实现测量、操纵等信息处理和过程控制的统称。自动化技术就是探索和研究实现自动化过程的方法和技术。它是涉及机械、微电子、计算机、机器视觉等技术领域的一门综合性技术。工业革命是自动化技术的助产士。正是由于工业革命的需要，自动化技术才冲破了卵壳，得到了蓬勃发展。同时自动化技术也促进了工业的进步，如今自动化技术已经被广泛地应用于机械制造、电力、建筑、交通运输、信息技术等领域，成为提高劳动生产率的主要手段。

学习大纲：

1. 学习电气自动化工程的工业应用。
2. 了解电力系统自动化。
3. 学习冶金工业自动化的相关知识。
4. 了解人工智能在航天领域的应用。
5. 电气自动化工程的其他应用。

第一节　工业自动化

一、电气工程及其自动化

（一）信息技术

信息技术被广泛地定义为包括计算机、世界范围高速宽带计算机网络及通信系统，以及用来传感、处理、存储和显示各种信息等相关支持技术的综合。信息技术对电气工程的发展具有特别大的支配性影响。信息技术持续以指数速度增长在很大程度上取决于电气工程中众多学科领域的持续技术创新。反过来，信息技术的进步又为电气工程领域的技术创新提供了更新更先进的工具基础。

（二）操控系统

由于三极管的发明和大规模集成电路制造技术的发展，固体电子学在20世纪的后50年对电气工程的成长起到了巨大的推动作用。电气工程与物理科学间的紧密联系与交叉仍然是今后电气工程学科的关键，并且将拓宽到生物系统、光子学、微机电系统（MEMS）。21世纪中的某些最重要的新装置、新系统和新技术将来自上述领域。技术的飞速进步和分析方法、设计方法的日新月异，使得我们必须每隔几年对工程问题的过去解决方案重新全面思考或审查。

二、电气工程的实际运用情况

（一）智能建筑

智能化建筑的发展必然离不开电气自动化，随着我国国民经济的飞速发展以及数字电子化科技发展，高档智能化建筑无疑已经成为当今建筑界的主要发展方向。自然达到合理利用设备的状态，在资源方面，人力的节省就依靠建筑设备的自动化控制系统。智能化建筑内有大量的电子设备与布线系统。这些电子设备及布线系统一般都属耐压等级低，防干扰要求高，是最怕受到雷击的部分。智能建筑多属于一级负荷，应该设计为一级防雷建筑物，组成具有多层屏蔽的笼形防雷体系。

（二）净化系统

净化空调系统控制自动监控装置，可以设计成单个系统的测量、控制系统，也可以设计成以数字计算机控制管理的系统。在温度控制方面，净化空调系统采用DDC控制。装设在回风管的温度传感器所检测的温度送往DX-9100，与设定点比较，用比例加积分、微分运算进行控制，输出相应电压信号，控制加热电动调节阀或冷水电动调节阀的动作，控制回风温度保持在16℃～18℃之间，从而使得洁净室温度符合GMP要求。

三、电气自动化控制系统的设计

（一）集中监控方式

集中监控方式不但运行维护方便，控制站的防护要求也不高，而且系统设计也很容易。但由于这种方式是将系统的各个功能集中到一个处理器进行处理，所以处理器的任务相当繁重，处理速度也会受到一定的影响。由于电气设备全部进入监控，致使主机冗余的下降、电缆数量增加，投资加大，长距离电缆引入的干扰也可能影响系统的可靠性。同时，隔离刀闸的操作闭锁和断路器的联锁采用硬接线，由于隔离刀闸的辅助接点经常不到位，这也会造成设备无法操作。这种接线的二次接线比较复杂，查线也不方便，从而大大增加了维护量，还存在查线或传动过程中由于接线复杂而造成误操作的可能性。

（二）远程监控方式

远程监控方式具有节约大量电缆、节省安装费用、节约材料、可靠性高和组态灵活等优点。但由于各种现场总线的通信速度不是很高，使得电厂电气部分通信量相对又比较大，所以这种方式大都用于小系统监控，而在全厂的电气自动化系统的构建中却不适用。

（三）现场总线监控方式

目前，以太网（Ethernet）、现场总线等计算机网络技术已经普遍应用于变电站综合自动化系统中，而且已经拥有了丰富的运行经验，智能化电气设备也有了较快的发展，这些都为网络控制系统应用于发电厂电气系统奠定了坚实的基础。现场总线监控方式使系统设计更加具有针对性，对于不同的间隔可以有不同的功能，这样就可根据间隔的情况进行设计。这种监控方式除了具有远程监控方式的全部优点外，还可以减少大量的隔离设备、端子柜、模拟量变送器等，而且智能设备就地安装，与监控系统通过通信线连接，节省了大量控制电缆，节约了很多投资和安装维护工作量，从而降低成本。此外，各装置的功能相对独立，组态灵活，使整个系统具有可靠性而不会导致系统瘫痪。因此，现场总线监控方式是今后发电厂计算机监控系统的发展方向。

四、电力系统自动化改造的趋势

（一）功能多样化

传统电力系统的重点功能集中于发电、输电，在传输期间对电能值大小的转换缺乏足够的功能。电力系统自动化改造之后，系统功能日趋多样化，电压转变、电能分配、用电调控等功能均会得到明显的改善，系统自动化状态，符合系统高负荷运行状态的操作要求。

（二）结构简单化

结构问题是阻碍电力系统功能发挥的一大因素，多种设备连接于系统导致操作人员的调控质量下降，部分设备在系统运行时发挥不了作用。系统自动化改造后结构得到了充分的简化，且功能也明显优越于传统模式，促进了电力行业的持续发展。

（三）设备智能化

电力设备是系统发挥作用的载体，电厂发电、输电、变电等各个环节都要依赖于设备运行。早期人工操控设备的效率较低，自动化改造之后可利用计算机作为控制中心，利用程序代码指导电力设备操作，智能化执行设备命令，以逐渐提升作业效率。

（四）操控一体化

当电力系统设备实现智能化之后，系统操控的一体化便成为现实。如：机械一体化、机电一体化、人机一体化等模式，都是电力系统自动化改造的发展趋势。电力系统一体化操控"省力、省时、省钱"，也为后期继电保护装置的安装运用创造了有利的条件。

五、继电保护运用于自动化改造

（一）针对性

由于电力系统自动化改造属于技术改造范畴，需要对系统潜在的故障问题检测处理。继电保护具有针对性的处理功能，可根据系统不同的故障形式采取针对性的处理方案。如：电力设备出现短路问题，继电保护可立刻把设备从故障区域隔离；线路保护拒动作时，继电保护可将线路故障切除，具有针对性的故障防御处理功能。

（二）稳定性

继电保护对电力系统的稳定性作用显著，特别是在故障发生之后可维持系统的稳定运行，以免故障对设备造成的损坏更大。良好的运行环境是设备功能发挥的前提条件，如：继电保护装置能快速地切除故障，减短了设备及用户在高电流、低电压运行的时间。通过模拟仿真，保证了系统在故障状态下的稳定运行，防止系统中断引起的损坏。

（三）可靠性

对电力系统实施自动化改造的根本目的是满足广大用户的用电需求，系统能否可靠地运行也决定了用户或设备的用电质量。继电保护装置的运用为系统可靠性提供了多方面的保障，如：安全方面，强大的故障处理功能保障了人员、设备的安全；效率方面，多功能的监测方式可及时发现异常信号，提醒技术人员调整系统结构。

总之，电气工程是社会现代化发展的重点工程，关系着我国工业经济及科学技术水平的进步情况。深入研究电气工程改造及其自动化趋势，是企业未来发展的必然要求。面对电气工程自动化改造活动，企业应加强多方面的调控管理，确保改造工程达到预期的成效，提升电气工程的运行水平。

工业自动化技术是一种运用控制理论、仪器仪表、计算机和其他信息技术，对工业生产过程实现检测、控制、优化、调度、管理和决策，达到增加产量、提高质量、降低消耗、确保安全等目的的综合性高技术，包括工业自动化软件、硬件和系统三大部分。工业自动化技术作为20世纪现代制造领域中最重要的技术之一，主要解决生产效率与一致性问题。无论高速大批量制造企业还是追求灵活、柔性和定制化企业，都必须依靠自动化技术的应用。自动化系统本身并不直接创造效益，但它对企业生产过程起着明显的提升作用：

1. 提高生产过程的安全性；

2. 提高生产效率；

3. 提高产品质量；

4. 减少生产过程的原材料、能源损耗。

据国际权威咨询机构统计，对自动化系统投入和企业效益方面提升产出比约在1：4至1：6之间。特别在资金密集型企业中，自动化系统占设备总投资10%以下，起到"四两拨千斤"的作用。传统的工业自动化系统即机电一体化系统主要是对设备和生产过程的控制，即由机械本体、动力部分、测试传感部分、执行机构、驱动部分、控制及信号处理单元、接口等硬件元素，在软件程序和电子电路逻辑的有目的的信息流引导下，相互协调、有机融合和集成，形成物质和能量的有序规则运动，从而组成工业自动化系统或产品。

在工业自动化领域，传统的控制系统经历了继基地式气动仪表控制系统、电动单元组合式模拟仪表控制系统、集中式数字控制系统和集散式控制系统DCS的发展历程。

随着控制技术、计算机、通信、网络等技术的发展，信息交互沟通的领域正迅速覆盖从工厂的现场设备层到控制、管理各个层次。工业控制机系统一般是指对工业生产过程及其机电设备、工艺装备进行测量与控制的自动化技术工具（包括自动测量仪表、控制装置）的总称。今天，对自动化最简单的理解也转变为：用广义的机器（包括计算机）来部分代替或完全取代或超越人的体力。

随着国民经济的发展、人民生活水平的提高，电能的需要也在不断地增加，发电设备也相应增多，电网结构和运行方式也越来越复杂，人们对电能质量的要求也越来越高。为了保证用户的用电，必须对电网进行管理和控制。

电力系统运行管理和调度的任务很复杂，但简单说来，就是：

（1）尽量维持电力系统的正常运行，安全是电力系统的头等大事，系统一旦发生事故，其危害是难以估计的，因此，努力维持电力系统的正常运行是首要任务。

（2）为用户提供高质量的电能，反映电能质量的三个参数就是电压、频率和波形。这三个参数必须在规定范围内，才能保证电能的质量。稳定电压的关键是调节系统中无功功率的平衡，频率的变化是整个系统有功功率的平衡问题，波形是由发电机决定的。

（3）保证电力系统运行的经济性，使发电成本最经济。

电力系统是一个分布面广、设备量大、信息参数多的系统，发电厂发出电能供给用户，必须经几级变压器变压才能传输。各级电压通过输电线路向用户供电，电压从低到高，再从高到低，以利于能量的传送。电压的变换，形成不同的电压级别，形成一个个不同电压级别的变电站，变电站之间是输电线，因而形成了复杂的电力网拓扑结构。电网调度正是按照电网的这种拓扑结构进行管理和调度的。

一般情况下，电网按电压级别设置调度中心，电压级别越高，调度中心的级别也越高。

整个系统是一个宝塔形的网络图。分级调度可以简化网络的拓扑结构，使信息的传送变得更加合理，从而大大节省通信设备，并提高了系统运行的稳定性。按中国的情况，电力系统调度分为国家调度中心，大区网局级调度控制中心，省级调度控制中心，地区调度控制中心，县级调度中心。各级直接管理和调度其下一层调度中心。

①电网调度

电网调度自动化是一个总称，由于各级调度中心的任务不同，调度自动化系统的规模也不同，但无论哪一级调度自动化系统，都具有一种最基本的功能，就是监视控制和数据收集系统，又称 SCADA 系统功能（Supervisory Control And Data Acquisition）。

SCADA 主要包括以下一些功能：

1）数据采集；2）信息显示；3）监视控制；4）报警处理；5）信息存储及报告；6）事件顺序记录；7）数据计算；8）具有 RTU（远端终端单元）处理功能；9）事件追忆功能。

自动发电控制功能 AGC：AGC 系统主要要求达到对发电机发电多少不是由电厂直接控制，而是由电厂上级的调度中心根据全局优化的原则来进行控制。

经济调度控制功能 EDC（Economic Dispatch Control）：EDC 的目的是控制电力系统中各发电机的出力分配，使电网运行成本最小，EDC 常包含在 AGC 中。

安全分析功能 SA（Security Analyze）：SA 功能是电网调度为了做到"防患于未然"而配备的功能。它通过计算机对当前电网运行状态的分析，估计可能出现的故障，预先采取措施，避免事故发生。如果电网调度自动化系统具有了 SCADA+AGC/EDC+SA 功能，就称为能量管理系统EMS（Energy Management System）。数字传输技术和光纤通信技术的提高，使得电网调度自动化也进入了网络化，如今电网调度中的计算机配置大多采用了开发分布式计算机系统。随着中国国民经济的发展，中国也进入了大电网、大机组、超高压输电的时代。完全可以相信，随着中国新建电网自动化系统的发展，中国电网调度自动化水平会进一步地提高，达到世界先进水平。

②柔性制造

1）简介

柔性制造技术（FMS）是对各种不同形状加工对象实现程序化柔性制造加工的各种技术的总和。柔性制造技术是技术密集型的技术群，凡是侧重于柔性，适应于多品种、中小批量（包括单件产品）的加工技术都属于柔性制造技术。

柔性可以表述为两个方面。第一方面是系统适应外部环境变化的能力，可用系统满足新产品要求的程度来衡量；第二方面是系统适应内部变化的能力，可用在有干扰（如机器出现故障）情况下，这时系统的生产率与无干扰情况下的生产率期望值之比可以用来衡量柔性。

"柔性"是相对于"刚性"而言的，传统的"刚性"自动化生产线主要实现单一品种的大批量生产。其优点是生产率很高，由于设备是固定的，所以设备利用率也很高，单件产品的成本低。但价格相当昂贵，且只能加工一个或几个相类似的零件。如果想要获得其他品种的产品，则必须对其结构进行大调整，重新配置系统内各要素，其工作量和经费投入与构造一个新的生产线往往不相上下。刚性的大批量制造自动化生产线只适合生产少数几个品种的产品，难以应付多品种中小批量的生产。随着社会进步和生活水平的提高，市场更加需要具有特色、符合顾客个人要求样式和功能千差万别的产品。激烈的市场竞争迫使传统的大规模生产方式发生改变，要求对传统的零部件生产工艺加以改进。传统的制造系统不能满足市场对多品种小批量产品的需求，这就使系统的柔性对系统的生存越来越重要。随着批量生产正逐渐被适应市场动态变化的生产所替换，一个制造自动化系统的生存能力和竞争能力在很大程度上取决于它是否能在短周期内，生产出低成本、高质量产品的能力。柔性已占有相当重要的位置。

2）分类

• 机器柔性：当要求生产一系列不同类型的产品时，机器随产品变化而加工不同零件的难易程度。

• 工艺柔性：一是工艺流程不变时自身适应产品或原材料变化的能力；二是制造系统内为适应产品或原材料变化而改变相应工艺的难易程度。

• 产品柔性：一是产品更新或完全转向后，系统能够非常经济和迅速地生产出新产品的能力；二是产品更新后，对老产品有用特性的继承能力和兼容能力。

• 维护柔性：采用多种方式查询、处理故障，保障生产正常进行的能力。

• 生产能力柔性：当生产量改变，系统也能经济地运行的能力。对于根据订货而组织生产的制造系统，这一点尤为重要。

• 扩展柔性：当生产需要的时候，可以很容易地扩展系统结构，增加模块，构成一个更大系统的能力。

• 运行柔性：利用不同的机器、材料、工艺流程来生产一系列产品的能力；同样的产品，换用不同工序加工的能力。

3）柔性制造系统

柔性制造系统是一个由计算机集成管理和控制的、用于高效率地制造中小批量多品种零部件的自动化制造系统。它具有：

• 多个标准的制造单元，具有自动上下料功能的数控机床；

• 一套物料存储运输系统，可以在机床的装夹工位之间运送工件和刀具；FMS 是一套可编程的制造系统，含有自动物料输送设备，能在计算机的支持下实现信息集成和物流集成；

• 可同时加工具有相似形体特征和加工工艺的多种零件；

- 能自动更换刀具和工件；
- 能方便地上网，容易与其他系统集成；
- 能进行动态调度，局部故障时，可动态重组物流路径。

FMS 规模趋于小型化、低成本，演变成柔性制造单元 FMC，它可能只有一台加工中心，但具有独立自动加工能力。有的 FMC 具有自动传送和监控管理的功能，有的 FMC 还可以实现 24 小时无人运转。用于装备的 FMS 称为柔性装备系统（FAS）。

③智能制造

智能制造（Intelligent Manufacturing，IM）是一种由智能机器和人类专家共同组成的人机一体化智能系统，它在制造过程中能进行智能活动，诸如分析、推理、判断、构思和决策等。通过人与智能机器的合作共事，去扩大、延伸和部分地取代人类专家在制造过程中的脑力劳动。它把制造自动化的概念更新，扩展到柔性化、智能化和高度集成化。

毫无疑问，智能化是制造自动化的发展方向。在制造过程的各个环节几乎都广泛应用人工智能技术。专家系统技术可以用于工程设计、工艺过程设计、生产调度、故障诊断等。也可以将神经网络和模糊控制技术等先进的计算机智能方法应用于产品配方、生产调度等，实现制造过程智能化。而人工智能技术尤其适合于解决特别复杂和不确定的问题。但同样显然的是，要在企业制造的全过程中全部实现智能化，即使不是完全做不到的事情，至少也是在遥远的将来。有人甚至提出这样的问题：下个世纪会实现智能自动化吗？而如果只是在企业的某个局部环节实现智能化，而又无法保证全局的优化，则这种智能化的意义是有限的。

从广义概念上来理解，CIMS（计算机集成制造系统）、敏捷制造等都可以看作是智能自动化的例子。的确，除了制造过程本身可以实现智能化外，还可以逐步实现智能设计、智能管理等，再加上信息集成，全局优化，逐步提高系统的智能化水平，最终建立智能制造系统。这可能是实现智能制造的一种可行途径。

④多智能体

Agent 原为代理商，是指在商品经济活动中被授权代表委托人的一方。后来被借用到人工智能和计算机科学等领域，以描述计算机软件的智能行为，称为智能体。

⑤整子系统

整子系统的基本构件是整子（Holon）。Holon 是从希腊语借用来的，人们用 Holon 表示系统的最小组成个体，整子系统就是由很多不同种类的整子构成。整子的最本质特征是：

- 自治性，每个整子可以对其自身的操作行为作出规划，可以对意外事件（如制造资源变化、制造任务货物要求变化等）作出反应，并且其行为可控；
- 合作性，每个整子可以请求其他整子执行某种操作行为，也可以对其他整子提出的

操作申请提供服务;

• 智能性,整子具有推理、判断等智力,这也是它具有自治性和合作性的内在原因。

整子的上述特点表明,它与智能体的概念相似。由于整子的全能性,有人把它也译为全能系统。

整子系统的特点是:

• 敏捷性,具有自组织能力,可快速、可靠地组建新系统。

• 柔性,对于快速变化的市场、变化的制造要求有很强的适应性。除此之外,还有生物制造、绿色制造、分形制造等模式。制造模式主要反映了管理科学的发展,也是自动化、系统技术的研究成果,它将对各种单元自动化技术提出新的课题,从而在整体上影响到制造自动化的发展方向。展望未来,21世纪的制造自动化将沿着历史的轨道继续前进。

第二节 电力系统自动化

一、传输系统

电力系统信息自动传输系统简称远动系统。其功能是实现调度中心和发电厂变电站间的实时信息传输。自动传输系统由远动装置和远动通道组成。远动通道有微波、载波、高频、声频和光导通信等多种形式。远动装置按功能分为遥测、遥信、遥控三类。把厂站的模拟量通过变换输送到位于调度中心的接收端并加以显示的过程称为遥测。把厂站的开关量输送到接收端并加以显示的过程称为遥信。把调度端的控制和调节信号输送到位于厂站的接收端实现对调节对象的控制的过程,称为遥控或遥调。远动装置按组成方式可分为布线逻辑式远动装置和存储程序式逻辑装置。前者由硬件逻辑电路以固定接线方式实现其功能,后者是一种计算机化的远动装置。

二、事故装置

反事故自动装置的功能是防止电力系统的事故危及系统和电气设备的运行。在电力系统中装设的反事故自动装置有两种基本类型。①继电保护装置:其功能是防止系统故障对电气设备的损坏,常用来保护线路、母线、发电机、变压器、电动机等电气设备。按照产生保护作用的原理,继电保护装置分为过电流保护、方向保护、差动保护、距离保护和高频保护等类型。②系统安全保护装置:用以保证电力系统的安全运行,防止出现系统振荡、失步解列、全网性频率崩溃和电压崩溃等灾害性事故。系统安全保护装置按功能分为4种形式:一是属于备用设备的自动投入,如备用电源自动投入,输电线路的自动重合闸等;二是属于控制受电端功率缺额,如低周波自动减负荷装置、低电压自动减负荷装置、机组低频自起动装置等；三是属于控制送电端功率过剩，如快速自动切机装置、快关汽门装置、电气制动装置等；四是属于控制系统振荡失步，如系统振荡自动解列装置、自动并列装置等。

电力系统自动化主要包括地区调度实时监控、变电站自动化和负荷控制等三个方面。地区调度的实时监控系统通常由小型或微型计算机组成，功能与中心调度的监控系统相仿，但稍简单。变电站自动化发展方向是无人值班，其远动装置采用微型机可编程序的方式。供电系统的负荷控制常采用工频或声频控制方式。

自动化不单是硬件方面，还有软件系统方面的全方位支持，比如生产管理及辅助决策系统、电厂运行巡检条码系统、电厂电子运行日志系统、电力企业办公自动化管理（OA）系统等，才能够实现全面的自动化。

管理系统的自动化通过计算机来实现。主要项目有电力工业计划管理、财务管理、生产管理、人事劳资管理、资料检索以及设计和施工方面等。

按照电能的生产和分配过程，电力系统自动化包括电网调度自动化、火力发电厂自动化、水力发电站综合自动化、电力系统信息自动传输系统、电力系统反事故自动装置、供电系统自动化、电力工业管理系统的自动化等7个方面，并形成一个分层分级的自动化系统。区域调度中心、区域变电站和区域性电厂组最低层次；中间层次由省（市）调度中心、枢纽变电站和直属电厂组成；由总调度中心构成最高层次。而在每个层次中，电厂、变电站、配电网络等又构成多级控制。

三、电网调度

现代的电网自动化调度系统是以计算机为核心的控制系统，包括实时信息收集和显示系统，以及供实时计算、分析、控制用的软件系统。信息收集和显示系统具有数据采集、屏幕显示、安全检测、运行工况计算分析和实时控制的功能。在发电厂和变电站的收集信息部分称为远动端，位于调度中心的部分称为调度端。软件系统由静态状态估计、自动发电控制、最优潮流、自动电压与无功控制、负荷预测、最优机组开停计划、安全监视与安全分析、紧急控制和电路恢复等程序组成。

四、火力发电

火力发电厂的自动化项目包括：①厂内机、炉、电运行设备的安全检测，包括数据采集、状态监视、屏幕显示、越限报警、故障检出等。②计算机实时控制，实现由点火至并网的全部自动起动过程。③有功负荷的经济分配和自动增减。④母线电压控制和无功功率的自动增减。⑤稳定监视和控制。采用的控制方式有两种形式：一种是计算机输出通过外围设备去调整常规模拟式调节器的设定值而实现监督控制；另一种是用计算机输出外围设备直接控制生产过程而实现直接数字控制。

五、水力发电

需要实施自动化的项目包括大坝监护、水库调度和电站运行三个方面。①大坝计算机自动监控系统：包括数据采集、计算分析、越限报警和提供维护方案等。②水库水文信息的自动监控系统：包括雨量和水文信息的自动收集、水库调度计划的制订，以及拦洪和蓄洪控制方案的选择等。③厂内计算机自动监控系统：包括全厂机电运行设备的安全监测、发电机组的自动控制、优化运行和经济负荷分配、稳定监视和控制等。

第三节 冶金工业自动化

一、冶金自动加热控制技术

（一）DCS 系统在冶金加热炉中的应用

DCS（Distributed Control System）系统是一种在功能上分散，管理上集中的新型控制系统，与常规仪表相比具有可靠性高，控制功能丰富，自动化整体性能好等优点。随着微电子技术的发展，DCS 系统的控制功能更加完善。DCS 双交叉温度控制系统用于冶金加热炉燃烧控制，较好地解决了传统温度控制燃料热损失大、热效率低、环境污染严重的缺点，提高了劳动生产率、降低了能源消耗，极大地提高了生产的自动化水平和管理水平。

（二）集散控制系统在连续式加热炉中的应用

为实现控制分散、危险分散、操作与管理集中的目的，系统采用集散控制方式。根据加热炉结构，控制系统由一台管理监控计算机 MC 和若干台智能数字控制器 SDC 组成。

管理监控计算机可对控制系统中各项控制参数及加热炉的各项过程参数进行管理、操作和监视。通过各种外设提供的与炉内各段温度、燃料流量及空气流量有关的数据、图像、曲线、报表等资料为操作人员实时掌握炉内燃烧状态并进行正确的操作提供了依据，同时为生产管理人员统计分析加热炉的生产技术指标带来极大的方便。

各台 SDC 通过组合形成加热炉内各加热段和均热段的温度自动控制系统。为提高系统的动、静态指标和抗干扰能力，各段控制均采用双闭环结构。内环由两个并行的回路组成，即燃料流量调节回路和空气流量调节回路，分别对燃料流量和空气流量进行控制。外环为温度环，实现对炉内各段温度的控制，从而保证各段的温控精度及升降温速度。由于内环的调节作用使系统对燃料流量与空气流量的波动有较强的抑制作用，从而大大减小了由于二者的波动而引起的温度波动，提高了系统的温控精度及抗干扰能力。

（三）对冶金系统转炉、连铸、连轧机的基础自动化和过程自动化控制系统

1. 转炉自动化控制系统

氧气转炉冶炼周期短、产量高、反应复杂，但用人工控制钢水终点温度和含碳量的命中率不高，精度也较差。为了充分发挥氧气转炉快速冶炼的优越性，提高产量和质量，降低能耗和原料消耗，需要完善的自动化系统对它进行控制。典型的氧气转炉自动化系统由过程控制计算机、微型计算机和各种自动检测仪表、电子称量装置等部分组成。按设备配置和工艺流程分为供氧系统，主、副原料系统，副枪系统，煤气回收系统，成分分析系统和计算机测控系统。转炉基础自动化系统的控制范围包括：散状料、转炉本体、汽化冷却、烟气净化及风机房五部分。有些大型的转炉自动化系统除了有转炉本身的控制系统外，还包括有铁水预处理系统、钢水脱气处理系统和铸锭控制系统等。

2. 连铸自动化

连铸自动控制系统主要由生产管理级计算机、过程控制级计算机、设备控制计算机、各种自动检测仪表和液压装置等组成。它能完成7种控制功能：中间罐和结晶器液面控制；结晶器保护渣装入量控制；二次冷却水控制；拉坯速度控制；铸坯最佳切割长度控制；铸坯跟踪和运行控制；连铸机的自动起铸和停止控制。

3. 连轧机控制系统

随着人们对产品质量和产量的要求日益提高，如轧制每卷重45吨的冷连轧薄带钢卷，要求厚度公差为±（5～50）μm，冷连轧机最高轧速达40m/s以上，热连轧年产量达500万吨以上，冷连轧年产达100万吨以上，对连轧机控制系统提出了更高的要求。按功能来分，整套轧机控制系统分为速度调节系统、压下位置控制系统、轧制力调节系统、张力调节系统、厚度调节系统，以及自动制动系统、弯程数字控制系统、板型控制系统、侧导板自动控制系统、自动换辊系统、进出料自动控制系统等。从上卷、穿带、轧制参数设定直到轧制厚度控制和数据记录打印等已全部实现自动化。

二、水资源自动循环利用与分析技术

（一）炼钢RH精炼装置循环水系统

梅钢—炼钢2号RH精炼装置软水闭路循环水系统主要为RH精炼装置的顶枪、预热枪、真空槽、气冷器、液压站等主体设备提供冷却水，水质为软水，供水量为250m³/h，供水压力1.0MPa。经上述设备使用后的水仅提高了水温，循环冷却回水利用余压经过蒸发空气冷却器冷却，冷却后的水通过3台循环供水泵（二用一备）加压后送用户使用。蒸发空气冷却器自带喷淋泵和风机，自成喷淋循环水系统。整个闭路循环水系统补水量为8m³/h，通过两台补水泵（一用一备）向循环供水泵吸水管内补充软水。为确保系统的水质稳定，系统中设置自动加药装置，给系统投加缓蚀剂。

顶枪、预热枪、真空槽、气冷器等设备事故用水的水质、水压要求均不同。真空槽、气体冷却器事故用水要求：水质为生产新水、压力 0.3MPa、供水量 70m³/h，这部分事故水采用室外生产新水管网直接供水方式，接管管径为 150mm，停电时迅速打开管路气动阀即可安全供水。顶枪、预热枪事故用水要求：水质为软水、压力 0.3MPa、供水量为 80m³/h，这部分事故水采用安全水箱的供水方式，此水箱既作为安全水箱又作为系统的稳压水箱，水箱设置高度 40m，有效容积 45m³，其中 35m³ 作为事故状态 30min 用水，5m³ 作为闭路系统水量膨胀变化用水，停电时迅速打开管路气动阀即可安全供水。事故水箱一般设置在室外水处理区域,本工程事故水箱设置在 2 号 RH 精炼装置的加料及抽真空系统主厂房屋顶（标高 40m）上。

（二）浊循环水系统

例如，梅钢—炼钢 2 号 RH 精炼装置浊循环水系统主要为其蒸汽冷凝器提供冷却水，冷却水经过冷凝器后温升 16℃，悬浮物（SS）平均增加量为 70mg/L。本系统循环供水量为 1400 m³/h，回水量 1430 m³/h（含 30 m³/h 蒸汽冷凝水）。冷凝器回水通过直径 700mm 回水管从主厂房重力流至室外浊循环水系统热水池，热水池的水经上塔扬送泵组送冷却塔冷却，冷却后的水回冷水池，再通过系统供水泵组送至冷凝器。为满足用户对水质的要求，系统设置 2 台处理能力为 800 m³/h 的高速过滤器进行全过滤。为减少冷却塔水池中的细菌和藻类，在浊循环水泵房内设置一套加药装置。

（三）水仪表

水处理系统所用的仪表大致可以分为两大类：一类属于检测生产过程物理参数的仪表，如检测温度、压力、液位、流量的热电阻，压力变送器，液位变送器和流量计；另一类属于检测水质的分析仪表，如检测水的浊度、酸碱度、电导率的浊度仪，pH 仪和电导率仪以及检测有机碳和氧化还原的 TOC 计和 ORP 计。

三、钢卷库管理系统物流合理化

钢卷库管理系统是钢厂制造执行系统的子系统，主要负责对钢卷库内进行物流管理、作业管理和设备跟踪和控制。

钢卷库的物流主要是钢卷从入库到发货经过钢卷下线、卸车、检验、保管、包装、捡出、装车、发运等作业环节，整个作业在计算机管理系统的控制下进行。在热轧生产线下线的钢卷经过称重和喷印后，轧线过程控制计算机系统立即向钢卷库管理系统传送钢卷的信息。操作人员根据钢卷的属性（原料卷或直发卷）、取样状态和去向，对钢卷进行垛位的预约。库工选择运输钢卷入库的车辆，制定运输单。运载车辆司机根据运输单，将车停靠在钢卷垛位所在的区域。库内指车工根据库内天车任务量，指派天车将钢卷放入垛位。任务完成后以批量处理的方式更新系统信息。同一批次入库的钢卷进行取样质检，质检合格的钢卷信息存入生产库。生产库的库工对库内的钢卷进行巡查，判断钢卷的外形和包装是否合格以及垛账信息与实物信息是否对应,然后对钢卷进行打捆、贴标签,将钢卷信息转入销售库。

我国钢铁企业生产状况、技术装备水平和企业管理水平各不相同,建设能源管理中心时,现代化水平也不应强求一致。所以必须结合企业的装备、管理等实际情况,分别建设动力集中监测中心、动力集中监控中心、能源集中监测管理中心、在线能源监控中心等,逐渐提高管理装备水平,使企业能源管理逐步趋于最优。复兴的中国发展以数学模型为核心的自动化技术,是落实"科技创造未来"的具体体现,也是我国钢铁工业实现新的腾飞的助推器。我们在过程控制数学模型的研发与应用上,应实现重点突破,开发出有中国特色的数学模型产品与技术,走出一条"研制一批,储备一批,生产一批"、以科研促生产、以生产出产品、以产品保应用的新的可持续发展之路来。

第四节 人工智能在航天领域的应用

一、人工智能在航天飞机上的应用

(一)人—机接口

采用人工智能技术,在地面站与飞船,航天飞机与机械手之间(人与操作对象问)建立起完美的人—机接口,利用通信回路把由人直接控制的直接控制系统和采用遥控方式控制操作对象的遥控系统连接起来。

(二)航天飞机上用的专家系统

在航天飞机的检测、发射和应用等过程中大量地采用了专家系统,包括加注液氧用的专家系统(LEX);执行飞行任务和程序修订用的专家系统(Expert);发射应用系统(L—PS—2);采用知识库的自动检测装置(K—ATE);发射及着陆时的飞行控制(NAVE—X);推理决策用的信息管理系统等。

二、人工智能在空间站计划等的应用

NASA 的先进技术咨询委员会认为空间站中有三个方面必须采用人工智能技术,才能实现高度自动化,确保可靠性。

(一)空间站分系统

空间站应用,利用空间站在空间进行各种实验时的监控、故障诊断、舱外活动、交会对接、飞行规划等的专家系统。

（二）空间结构物的组装

从航天飞机上卸下和移动补给物资手段的智能化。

（三）卫星服务和空间工厂设备维修用的远距离操纵器／机器人

空间工厂设备控制和操作等用的专家系统，该先进技术咨询委员会还确定了适用于空间站初始阶段和发展阶段的自动化和仿真机器人学的目标，事实上在初始阶段专家系统是作为支援系统使用，而在发展阶段将作为一种综合性的信息和控制系统的控制部件使用。当前，正在积极地开发以下系统用于美国国际空间站上：

1. 监视和故障诊断系统

这一研究以环境控制／生保分系统和电力分系统为中心，NASA 约翰逊空间中心开发了一种用电化学方式清除飞船内二氧化碳气体的增加可靠性故障诊断用的专家系统，构筑在 LISP 计算机上，与这一系统有关的知识库和诊断规则，以及与程序有关的知识库均用框架形式表现，采用这系统后故障减少了一半以上（样机评价结果）。

2. 远距离操纵器／仿真机器人学

NASA 喷气推进研究所正研制在空间站周围完成组装、服务、检查和维修等各种作业的遥控机器人。该机器人分系统由高级专家系统组成，遥控机器人则是一个能协调动作的复台式专家系统，它将逐渐发展成一种高智能的自主机器人，NASA 埃姆斯研究所和兰利研究中心还分别研制由分布式黑板模型构筑空间站用机器人所必需的多种协调式专家系统和由地面操作人员支援空间飞行器用机器人的专家系统。

三、其他一些航空和航天应用

简单地叙述一下几种其他的应用：

嵌套式系统的软件配置——这种应用考虑如何对各种嵌套式计算机系统配置所包含的程序和数据。它可将作业和数据分配给程序段，并受数据和段的长度以及作业中可用的寄存器个数的约束。当作业是搜索问题时，其组合形式要求利用启发方式来削减搜索途径，并减少重复，利用图形显示来观察操作中的各种算法和策略，这样可以引起开发者得到启发的直觉感受。

发射安排——这种应用是由帮助安排发射操作的工作站和为发射活动分配时间的计划人员组成的。工作站在一种带日历图形的显示器上显示出当前的或假定的分配方案，使调度人员了解整个情况。由系统回答的典型问题（即由系统推算出的建议）是：什么时候安排下一次任务 A？任务 B 具有什么样的优先级而不得不保证安排在最近的 7 天之内？时间分配计算可以是一种简单的树形搜索，也可以带有专家启发，取决于分配条件的复杂性。

防卫探测区的雷达定位——这种应用同上述两种应用一样是确保达到规定探测要求的雷达最佳定位的搜索问题。只要具体的可选位置在地形上是固定的，配置适当数量的雷达使用穷尽搜索法就是可行的。

用于吞吐量分析的嵌套式系统的模拟——这种应用与工厂地面模拟是一样的。在这种情况下，对嵌套式系统和相应的数字信息通信进行模拟以确定吞吐量，利用效率瓶颈和紧急情况，此系统是一种工作站，它能使用户对交替配置进行试验，并且还能评价系统在各种负荷情况下的性能。

船舶跟踪和监测的模糊解答——这种应用是用来监测和跟踪船舶和其他使用来自多源和有多种解释数据的台站。系统可以保持有多种矛盾解释的传感器数据，直到数据得到了解答为止。此系统主要是专家系统而不是工作站，这是由于传感器的解释要求有启发功能。

四、未来航空航天中人工智能系统的发展

在初期，航空航天中人工智能（AI）系统可采用两层次结构，航天员位于指挥、管理层，各种人工智能子系统则位于执行层次。相互作用主要发生在航天员与 AI 之间，不同的 AI 子系统之间没有或只有少量的信息交换。显然，这样的系统较为松散。

随着 AI 技术和功能的发展，就会出现具有管理功能的 AI 子系统，它负责各种 AI 单元或子系统的监控和协调，航天员也应当有明确的分工，于是形成多层次的结构。在这种系统中，位于顶层的指令长，是整个系统的核心，既负责航天员的协调管理，也密切关注担负管理职能的 AI 子系统。人与 AI 的各种信息接口是航天中 AI 系统能够有效工作的关键环节。信息接口包括听觉，视觉，触觉信号和遥测信号。语言交流是最有效的一种信息交换方式，所以无论是智能管理系统还是航天机器人，都应当具有人类语言的理解能力。当然，航空航天中人工智能系统不仅要考虑其功能的完善性，更要注重其运行可靠性，所以，发展的策略应当是在可靠的基础上由简单到复杂地逐步进化，最终发展为以航天员为核心的智能性很强的，能完成各种航天任务的人工智能系统。这种技术的发展不仅使载人航天出现一个崭新的局面，还必然会促进地面人工智能理论和技术以及人类智能研究的发展。

第五节　其他应用

一、自动化在生活中的应用

（一）自动化技术于机械制造上的应用

在机械制造中，自动化主要分为以下几个方面：在焊接过程中的控制；在冲压过程中控制；在切削机床中的控制；在热处理过程中的控制；随着科学技术的不断发展，计算机应用与自动控制技术被应用于机械制造当中，改变了传统、慢速的操作，提高了生产加工质量和效率，加强了自动化在生产中的应用。

1. 自动化在金属切削过程中的控制

金属切削机床包括很多种，有刨床、常用车床、钻床等等。传统车床都是由手工操作，但是在遇到高精度制品的时候手工操作就无法达到高精度加工的要求了。因此，随着科技的不断发展，为了提高制成品的质量和精度，数控机床也就诞生了。下面的这种数控磨削加工机床主要是通过电弧将材料融化的原理制成的，是为了加工有色金属而量身定做的，但是对于一些超硬、超黏的材料也具有一定的加工作用，它能解决传统的刨、铣、车等不能满足的问题，具有非常强的综合加工能力。考虑到车床在工作过程中由于高电流产生的辐射干扰问题，所以机床控制中核心部分一般都会采用抗干扰能力比较强的PLC控制器，用以满足机床正常工作时的加工精度要求。

2. 自动化在焊接过程中的控制

在焊接过程中，自动化主要体现在自动化焊机上，是以机器人与焊接跟踪系统共同配合来实现的。它所解决的问题就是节省焊接所使用的材料，提高焊接精度，减少返工率（提高焊接效率），减少废渣排放以达到保护环境的目的等。要想将自动化焊机的作用发挥到最大，就需要有焊缝跟踪系统的配合。传统的跟踪系统是通过人工将焊接信息输入，并且工作人员不能离开机器。另外，该系统无法实施固点焊缝、焊接薄板等工作，且探针易损坏，造成废料或者返工。而新一代的焊缝跟踪系统较之传统就完美了许多。它是依据激光视觉跟踪技术制造而成的，具有水平高、成本低的传感方式和较高的综合性能。它配备的激光传感器可以在较强的电磁干扰中进行工作。因此，在航空航天、交通工业、压力容器等方面都具有广泛的应用。

自动化技术极大地促进了当今社会生产力的发展，实现了人们享受高质量生活、摆脱沉重劳动负担的愿望。同时自动化在不断的应用之中得到了进一步的发展，形成有利的良性循环。

（二）楼宇智能化中自动化的广泛应用

楼宇的智能化包括很多方面，比如建筑设备的出行自动化，通信自动化，办公自动化等等。随着数字化科技的不断发展，高智能化的建筑已经变成了当今工程建筑的主流。

在智能化楼宇中，含有很多的布线系统和电子设备，如安保监控系统、火灾报警系统、消防联动的控制系统、通信设施自动化系统，还有楼宇建筑的自动化系统以及闭路电视系统等。

（三）净化空调中自动化的应用

1. 具有系统的控制参数，如压力参数、洁净度参数、温度参数、湿度参数等，其中对于温度与湿度参数的控制需要有较高的精度。

2. 空调系统除了对空气的湿度和温度进行处理外，还必须对空气中有害物质进行三滤处理，包括预过滤、中间过滤还有末端过滤。

3. 在气流的分布组织方面，要尽量减少和控制尘粒的扩散，保持室内的气流不会受到污染。

4. 为了使洁净室不会受到其他外室的污染，所以两室之间要有一定的压力差别，大约为 5 帕以上就可以。这样的情况下就会产生相当的正压风量。

在净化空调系统中，自动化的监控装置可以设计成独立的控制和测量系统，也可以将其设计成有计算机控制的管理系统。其中 DDC 系统（也就是数字直接控制的系统）是现代的楼宇自控系统之中应用比较广泛的。且该项技术因在广泛的应用过程中被不断地改进，变得逐渐成熟起来。

二、自动化在水处理中的应用

在这个环境问题日益被重视的时代，人民大众也愈来愈关心我们的环境问题，作为生命最需要的能源，"水资源"问题也日趋严重。水环境的恶化是我们急需解决的问题。而在这个解决的过程中，我们似乎看到了科学技术带给我们的希望——自动化技术在水处理问题中的发展。

随着现代化进程的不断加深，计算机、网络技术的不断发展，以及自动化领域的不断延伸，自动控制系统越来越多地应用到生活中的各行各业中。特别是近年来在各个污水处理行业中也得到了广泛的应用，污水处理厂已逐渐由原来的现场人工操作逐步演变为全厂自动化控制。计算机编程、控制多媒体监控系统、信息管理三者之间的"完美结合"使得工作效率提高了，工人劳动强度降低了，同时还提高了污水处理质量，降低了污水处理成本。但随着城市化、现代化工行业的不断发展，更多污染物的产生使污水处理行业面临着更多的挑战，因此，这给自动化技术提出了新的要求和展示新应用前景的空间。

（一）自动化控制在水处理中的原理及功能

基本上所有的污水处理厂的自动控制系统都是由现场仪表和执行机构、信号采集控制和人机界面（监控）设备这三部分组成。水处理中的自动控制系统的设计主要是指这三个部分系统形式和设备的选择。污水处理中的自动分析系统的主要功能其实就是建立工艺曲线，这也是我们在平常的实验过程中经常做的工作，只是此处的自动化处理加快了处理的速度和结果的准确性。通过在线实时采集和人工输入的方法，将进、出口水的 COD、色度、磷、氨氮等主要指标与工艺过程控制的污泥浓度、溶解氧、回流比等指标通过曲线进行对比并综合分析，找出即时的最佳运行工艺控制曲线并对工艺实施控制。

（二）自控技术在污水处理厂的发展概况

近几年，我国新建城市污水处理厂和新增污水处理站大都采用了 PLC 技术，在污水处理项目中取得了成功的经验，取得了很好的污水处理效果。

污水处理常用的一般监控系统可分为两层。上层即为上位机，是中央控制室内的两台中心监控计算机。下层则为若干现场可编程的控制器，它们分布在水处理中的不同位置，分别负责一部分设备的控制工作。被控制的设备，例如门、泵、风机等都与可以编程的控制器相连，PLC通过输入和输出的控制信号对其进行控制量的采集和控制。上位机和现场可编程控制器之间借助PLC通信网络来交换数据。

PLC技术的蓬勃发展为自动化技术的发展带来了新的生机，它们在工业控制领域的广泛应用为各行业现代化生产提供了极大的方便。

国外污水处理厂的自动控制技术起步较早，从大型污水处理厂到小型氧化塘，全部采用计算机自动控制、遥控和闭路电视等现代化工具。发达国家在二级处理升级以后投入大量资金和科研力量加强污水处理设施的监测、运行和管理，实现了计算机控制、报警、计算和瞬时记录。

思考题

1. 列举电气工程的实际运用情况。
2. 简述电气自动化控制系统的设计。
3. 火力发电厂的自动化项目包括哪些？
4. 简述未来航空航天中人工智能系统的发展。

参考文献

[1] 魏曙光,程晓燕,郭理彬.人工智能在电气工程自动化中的应用探索[M].重庆:重庆大学出版社,2020.

[2] 杨慧超,牟建,王强.电气工程及自动化[M].长春:吉林科学技术出版社,2020.

[3] 韩祥坤.电气工程及自动化[M].东营:中国石油大学出版社,2020.

[4] 陈建明,白磊.电气控制与PLC原理及应用[M].北京:机械工业出版社,2020.

[5] 王晓瑜.电气控制与PLC应用技术[M].西安:西北工业大学出版社,2020.

[6] 许丽佳.自动控制原理[M].北京:机械工业出版社,2020.

[7] 黄建清.电气控制与可编程控制器应用技术[M].北京:机械工业出版社,2020.

[8] 牛弘.自动控制原理学习指导与习题解析[M].西安:西安电子科技大学出版社,2020.

[9] 夏路生,朱胜昔,唐亮.PLC项目化教程[M].上海:同济大学出版社,2020.

[10] 钱静,李建荣.电路分析项目化教程[M].北京:北京理工大学出版社,2020.

[11] 许明清.电气工程及其自动化实验教程[M].北京:北京理工大学出版社,2019.

[12] 刘颖慧,周凌,罗朝旭.电气工程、自动化专业规划教材电机学[M].北京:电子工业出版社,2019.

[13] 郝庆华,唐磊.电子技术基础电气工程及其自动化类[M].大连:大连理工大学出版社,2019.

[14] 袁兴惠.电气工程及自动化技术[M].北京:中国水利水电出版社,2018.

[15] 冯海清,李世博,王瑜.电气工程与自动化研究[M].延吉:延边大学出版社,2018.

[16] 张磊,张静.电气自动化技术在电气工程中的创新应用研究[M].长春:吉林大学出版社,2018.

[17] 周亚军,张卫,岳伟挺.电气控制与PLC原理及应用第2版[M].西安:西安电子科技大学出版社,2018.

[18] 杨剑锋. 电力系统自动化 [M]. 杭州：浙江大学出版社，2018.

[19] 刘小保. 电气工程与电力系统自动控制 [M]. 延吉：延边大学出版社，2018.

[20] 谢成祥，张燕红，高敏. 自动控制原理 [M]. 南京：东南大学出版社，2018.

[21] 沈姝君，孟伟. 机电设备电气自动化控制系统分析 [M]. 杭州：浙江大学出版社，2018.

[22] 陈晓英. 配电系统及其自动化 [M]. 沈阳：东北大学出版社，2018.

[23] 李金热，韩硕，冯莉. 电机与电气控制技术 [M]. 西安：西北工业大学出版社，2018.

[24] 李晓宁，许丽川，阎娜. 电工电气技术实训指导书 [M]. 北京：北京航空航天大学出版社，2018.

[25] 王艳秋. 自动控制原理 [M]. 北京：北京理工大学出版社，2018.

[26] 贺中辉，胡延新. 电气工程及其自动化专业俄语 [M]. 北京：中国水利水电出版社，2017.

[27] 姚福来，张艳芳. 电气自动化工程师速成教程第2版 [M]. 北京：机械工业出版社，2017.

[28] 张菁. 电气工程基础 [M]. 西安：西安电子科技大学出版社，2017.

[29] 葛红宇，陈桂. 电子设计自动化（EDA）技术 [M]. 西安：西安电子科技大学出版社，2017.

[30] 牟道槐. 发电厂变电站电气部分第4版 [M]. 重庆：重庆大学出版社，2017.

[31] 梁文涛，聂玲，刘兴华. 电气设备装调综合训练教程 [M]. 重庆：重庆大学出版社，2017.

[32] 丁肇红，胡志华，孙国琴. 自动控制原理 [M]. 西安：西安电子科技大学出版社，2017.

[33] 汤晓华，蒋正. 现代电气控制系统安装与调试 [M]. 北京：中国铁道出版社，2017.

[34] 段峻. 电气控制与PLC应用技术项目化教程 [M]. 西安：西安电子科技大学出版社，2017.